大型航空交通枢纽工程综合管控关键技术与应用

王广斌　孙继德　贾广社　著

同济大学 出版社
TONGJI UNIVERSITY PRESS
·上海·

图书在版编目(CIP)数据

大型航空交通枢纽工程综合管控关键技术与应用 /
王广斌,孙继德,贾广社著. -- 上海:同济大学出版社,
2024.7

ISBN 978-7-5765-1034-8

Ⅰ.①大… Ⅱ.①王… ②孙… ③贾… Ⅲ.①航空运
输-交通运输中心-工程项目管理-研究 Ⅳ.①V2

中国国家版本馆 CIP 数据核字(2024)第 052112 号

大型航空交通枢纽工程综合管控关键技术与应用

王广斌　孙继德　贾广社　著

责任编辑　姚烨铭　　**责任校对**　徐春莲　　**封面设计**　张　微

出版发行　同济大学出版社　　www.tongjipress.com.cn
　　　　　（地址:上海市四平路 1239 号　邮编:200092　电话:021-65985622）
经　　销　全国各地新华书店
印　　刷　常熟市华顺印刷有限公司
开　　本　787mm×1092mm　1/16
印　　张　10
字　　数　218 000
版　　次　2024 年 7 月第 1 版
印　　次　2024 年 7 月第 1 次印刷
书　　号　ISBN 978-7-5765-1034-8

定　　价　78.00 元

前　言

作为我国民航强国战略体系的重要部分,大型航空交通枢纽通过高效率、高集中度的联程联运服务,加快了人口、货物等要素流动,提高了资源配置能力,为新时期整合优势资源、推动经济社会发展起到了重要的纽带作用。

进入21世纪后,我国在大型航空交通枢纽建设方面取得了巨大成就,形成了北京、上海、广州等多个国际性航空枢纽和天津、石家庄、太原等多个区域性航空枢纽。"十四五"期间,在交通强国战略实施下,我国大型航空交通枢纽体系正逐步迈入高质量发展阶段。

大型航空交通枢纽工程呈现出建设规模大、工程系统复杂、组织系统复杂、技术难度高、质量要求高等多种综合性特征。在融合多种交通方式并发挥多元主体组团效应的同时,大型航空交通枢纽也为传统的工程规划设计、建设管理、运营筹备等工作带来了诸多全新挑战。尽管国内部分航空枢纽建设已经在管理理念、管理方法、管理手段等方面作出了较好的探索与实践,取得了较好的成果,但同时也要看到,我国机场建设管理整体发展状况参差不齐,大多数航空交通枢纽的建设仍采用传统的项目管理模式,对现代工程项目管理理念认识不充分、各参建主体协作性不强、数智技术应用不足及建设运营相互割裂等诸多矛盾与难题亟待解决。

本书以系统性的视角,通过深入调研,分析大型航空交通枢纽工程项目管理的实践与理论现状,试图回答以下问题:大型航空交通枢纽工程为什么需要实施项目综合管控?项目综合管控是什么?项目综合管控如何实施?旨在为从业人员与政策制定者提供全面的理论参考和实用性建议。

本书第1章介绍了大型航空交通枢纽工程的相关概念,梳理了我国大型航空交通枢纽工程的发展历程及发展现状,并总结了我国大型航空交通枢纽工程具有规模大型化、复杂集成化、高质量发展需求及数字智能化四大主要特征。第2章分析了当前我国大型航空交通枢纽工程项目管理的主要发展趋势,包括管控思想现代化、管控组织集成化、管控方法精细化以及管控手段数智化。第3章以"思维观念—集成与协同—技术创新"的逻辑,从价值驱动型项目管理、项目集成化交付和基于数智化技术的精细化管理三个方面介绍了国际上现代工程项目管理的新理念和新模式,为如何顺应大型航空交通枢纽工程项目管理的发展趋势提供了思路。第4章以复杂性理论、系统论、控制论和信息论为基础,系统提出大型航空交通枢纽工程项目综合管控的理论框架;并通过介绍大型航空交通枢纽工程综合管控的原则与方法,提出综合管控的技术框架。第5章基于上述框架,从大型航空交通枢纽工程项目要素、组织要素、流程要素、制度环境要素和工程界面五个方面入手,梳理分析大型航空交通枢纽工程的内在逻辑结构。第6~8章聚焦于综合管控,以目标耦合为导向,提出大型航空交通枢纽工程项目综合管控的三大关键技术——组织耦合关键技术、任务耦合关键技术及信息耦合关键技术。其中,第6章以系统论、二阶控制论为基础,提出了基于"指挥部+综合集成管控"的二阶控制模式、基于"行政—合同—关系"的三元协同治理体系和基于"综合管控协同体"的内外部联动机制,为目标耦合提供了组织支持。第7章分别从任务分解与耦合、任务过程集成并行和关键任务及风险评估三个方面研究了任务耦合关键技术,为目标耦合提供了任务保障。第8章分别从信息集成耦合的框架与内涵、BIM的全过程集成应用与工程管控实时协同平台三个方面研究了信息耦合关键技术,为目标耦合提供了沟通协作基础,并通过国内外案例分析,展示BIM在大型航空交通枢纽工程项目中的全过程集成应用。第9章提出了大型航空交通枢纽工程组织级项目管理成熟度模型,为组织提供了一个测量、比较、改进项目管理能力的方法和工具。第10章在梳理与总结本书主要内容的基础上,对我国大型航空交通枢纽工程的高质量发展提出了未来展望。最后,本书选取了部分机场的综合管控技术的应用和实践案例作为附录。

本书为读者提供了一部全面了解和应用大型航空交通枢纽工程项目综合管控技术的指南,旨在帮助读者研究和掌握大型航空交通枢纽工程项目综合管控的理论、技术和工具,提高在项目中的决策能力和管控能力。

自2018年以来,同济大学几十位师生先后参加北京大兴国际机场、广州白云国际机场、成都天府国际机场等多个大型航空交通枢纽工程管控的技术研发和实践,本书正是这些年技术研发和工程实践的初步成果。参与该课题研究和书稿撰写的还有:谭丹、苗洁如、杨寒月、林文生、鲁非、刘静、戴淑媛、王雪莹、贺晓凤、班怡慧、宗海怡、徐启雄、张彬、宋天一、张煜斐、李郁葱、陈彦羽、占吴卉。

本书的出版得到中国民用航空局、首都机场集团有限公司、天津滨海国际机场有限公司、黑龙江省机场管理集团有限公司及中国民航工程咨询有限公司等众多领导和专家的大力支持、指导和帮助,在此表示衷心的感谢。十分感谢参与调研的22个机场给予的支持,这些支持与协助为本书的撰写提供了丰富的理论与实践素材。同时,感谢同济大学管理科学与工程上海市高峰学科资助。

本书受到中国民用航空局重大课题"大型航空交通枢纽工程综合集成管控关键技术及项目管理指南研究"(项目代码:10522100000021J003)的资助,属于课题主要成果之一;部分内容属于首都机场集团课题"机场建设新型组织管理模式"成果之一;部分内容属于国家社科基金"高质量发展视角下的重大项目绩效及其治理模式研究"(项目代码:19BGL022)成果之一。

由于作者水平有限,缺点和疏漏在所难免,恳请各位读者不吝赐教。

2023年12月

目　录

第1章

大型航空交通枢纽工程发展现状及特征

大型航空交通枢纽是多种交通方式的交汇和衔接,以大型机场为核心,整合多种交通设施,提供综合的陆空衔接服务,对我国机场布局、航线网络优化和民航国际竞争力有着重要影响。

从大型航空交通枢纽工程的发展历程及现状来看,自中华人民共和国成立以来,我国航空枢纽的发展经历了新中国民航起步期、航空网络扩展期、改革开放发展期、巨变飞跃期四个阶段。进入21世纪以来,中国民航业发展持续高速增长,航空枢纽建设逐步发展并取得了显著成果,建成投运了10个国际性航空枢纽和29个区域枢纽。同时,自2007年《综合交通网中长期发展规划》强调交通一体化,至2022年《现代综合交通枢纽体系"十四五"发展规划》将综合交通和物流枢纽列入"十四五"规划中的重大工程项目,表明国家越来越重视大型航空交通枢纽和相关体系的建设。

从大型航空交通枢纽工程的主要特征来看,整体呈现规模大型化、复杂集成化、高质量发展需求增长和数字智能化。国内机场旅客吞吐量和货物吞吐量的增加推动了大型航空交通枢纽的规模大型化,各类专业技术的应用、建设运营的一体化、多种交通方式的集成推动了大型航空交通枢纽的复杂集成化,技术保障水平的提升、服务品质的发展、质量效率的转变推动了大型航空交通枢纽的高质量发展,建筑信息模型(Building Information Modeling,BIM)技术和人工智能在建设和运筹阶段的发展推动了大型航空交通枢纽的数字智能化。然而,随着民航业的发展和经济发展的需求变化,大型航空交通枢纽面临着不断扩大规模的压力,并且其复杂集成化程度的提高、高质量发展需求的增长以及数字智能化发展也为建设和管理带来了新的挑战。

本章将在简要介绍调研对象及调研内容的基础上,总结我国大型航空交通枢纽工程的发展历程,明确发展现状,并分析其主要特征。

1.1 大型航空交通枢纽工程发展历程及现状

综合交通枢纽是指两种及两种以上交通运输方式的交汇处和衔接处(张国伍,1991),

是多种交通运输方式和相关服务的综合体,是各种交通系统互联互通、形成网络的关键,是综合交通体系的"支点"(刘武君,2015)。大型航空交通枢纽是指以大型机场为核心,在航空运输基础上融合高铁、城际轨道、轨道交通、高速公路、快速路等多种交通设施,服务各类航空客运、货运的运输需求,形成综合各类交通方式、陆空衔接紧密、陆侧交通集散可靠的综合交通节点(张国华,2011)。作为交通运输网络的重要组成部分,大型航空交通枢纽的建设与发展影响着我国机场布局与航线网络优化,也促进了我国民航国际竞争力的提升。

1.1.1 发展历程

机场项目建设距今已有一百多年的历史,国外机场行业发展早于国内,为解决机场客运、货运集疏拥堵的问题,国外许多著名机场都已实现和城际轨道的衔接。1925年建成投运的美国哈兹菲尔德-杰克逊亚特兰大国际机场集散主要以道路运输为主,机场周边道路系统发达,有多条州际公路经过机场,并且机场各航站楼间设有其他轨道交通系统。1946年建成的英国希思罗国际机场外部连接希思罗机场快线及皮卡迪利线等轨道交通线路,可与伦敦市内多条地铁线路同站换乘、紧密衔接,使得机场乘客能够以较少的换乘次数到达伦敦大部分区域。1949年转为民用机场的德国法兰克福国际机场在一号航站楼设有机场火车站,其中长途火车站主要前往德国内陆的大城市,服务于城际铁路线;地区火车站运行远程地铁,通往法兰克福市内的中央火车站;城市远程地铁和高速公路在机场航站楼前与机场接驳。1978年建成的日本成田国际机场的跑道与地铁成田线近似平行,且地下有多条交通线路、各种复杂管线。美国、英国、德国、日本的四大机场通过与轨道交通的衔接,不仅提升了机场的客货运吞吐量,还实现了机场与城市间的客货运快速高效集疏。

21世纪以来,中国产业结构、消费结构升级,区域经济快速发展,为民航业带来巨大的增长空间,虽然2020年受新冠肺炎疫情影响民航业出现大幅下滑,但总体来看我国民用航空运输事业良好发展的趋势没有改变。根据中国民用航空局发布的各年份民航行业发展统计公报,自2008年至2022年,除去受疫情影响较严重的年份,民航旅客运输量和货邮运输量持续稳步地上升(图1-1、图1-2)。

随着经济发展和城市交通集散需求的增长,我国航空枢纽建设逐步发展。从较早的京沪铁路—虹桥机场、长吉城际铁路—龙嘉机场、海南东环线铁路—美兰机场等建设项目开始,铁路与民航在机场方面便开始了合作(李巍,2018)。2018年,我国北京首都国际机场、上海浦东国际机场、广州白云国际机场进入全球机场旅客吞吐量排名前20名。北京首都国际机场衔接地铁机场线,于2008年通车,机场与市区的最快集散时间仅30 min;上海浦东国际机场衔接磁浮线和地铁2号线,最快35 min可到达市区;广州白云国际机场与地铁3号线的北延段连接,可直达市区中心城区或换乘至广州火车站、高铁站、广珠城际铁路及其他区域。我国航空枢纽建设自中华人民共和国成立以来,历经四大阶段,形成我国如今的航空枢纽网络。

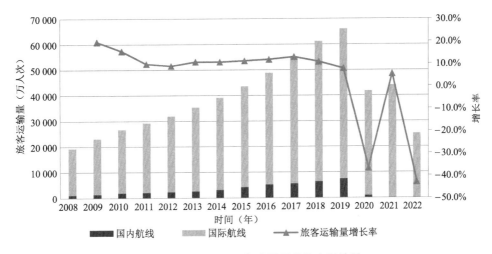

图 1-1　2008—2022 年我国民航旅客运输量

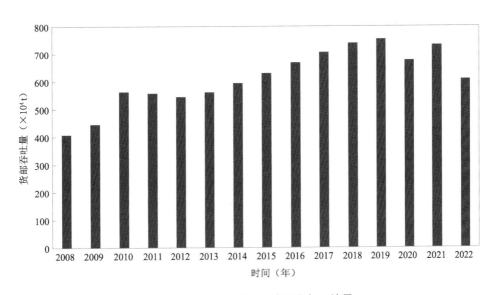

图 1-2　2008—2022 年我国货邮运输量

1. 新中国民航起步期（1949—1952 年）

1949 年 11 月 2 日，中国民用航空局在北京成立，揭开了中国民航发展的新篇章，北京也成为最早迈入中国航空枢纽建设的城市。1950 年 8 月 1 日，"八一开航"是新中国民航正式在固定航线上经营定期国内航班业务的开始，是新中国民航起步的重要标志。中国西南、华南地区被纳入中国民航网络之中，由于飞机航程等性能限制，武汉成为天然的国内优良中转枢纽。

2. 航空网络扩展期（1953—1977 年）

1953 年，新中国的"一五计划"展开，截至 1957 年年底，我国先后开辟国内航线 23 条，连通城市 36 个，通航里程 2.2×10^4 km，以北京为中心，连通东北、华北、西南、西北、中南、华东的全国航空网已基本形成。昆明、广州首次作为国际中转枢纽出现在中国民航的航线网络之中。1959年,为打开中国通往东南亚、南亚和非洲国家的空中通道,广州和上海扛起了中国民航国际中转枢纽的大旗。1964年,全国开始开展生产力由东向西逐步转移的"三线建设",国内航线的布局重点从东南沿海转移至西南、西北等偏远地区。

3. 改革开放发展期(1978—2001年)

1980年,中国民航脱离空军管辖,走上了企业化发展的道路。1983年厦门经济特区机场建成,1986年汕头经济特区机场扩建,开放口岸城市机场也掀起了扩建改建高潮,厦门、深圳、大连、海口等城市开始出现在中国民航枢纽舞台之上。稳定的国家局势、快速发展的经济和日益完善的管理制度促进了中国民航高速发展。1988年,北京、上海、广州、成都、西安、武汉、昆明和厦门等城市机场组成了中国民航的枢纽网络。

4. 巨变飞跃期(2002—2020年)

2002年起,我国经济进入新的增长期,京津唐地区、长江三角洲、珠江三角洲快速发展,人均GDP突破一千美元大关。2006年,国家民用航空总局决定率先在武汉实施航空运输综合改革试点,湖北省与武汉市政府统筹协调,构建航空业与铁路、水运、公路等运输方式融合模式,合理规划以机场为核心的交通路网,在"十一五"期间启动第二条客运高速公路及地铁(轻轨)接入机场规划建设,建立多式联运的综合交通体系,促进武汉建成中部地区最大的综合交通枢纽。

1.1.2 发展现状

目前,我国已进入"十四五"规划发展新阶段,《"十四五"现代综合交通运输体系发展规划》中提出全面推进建设民航强国战略,并将建设国际航空枢纽作为实施民航强国战略的重要引擎。自2012年至2021年,我国民航业历经发展的"黄金十年",在航空枢纽的建设中取得了巨大的成果,形成了10个国际性航空枢纽和29个区域枢纽(表1-1)。

表1-1 我国航空枢纽布局

类型	所在城市名称
国际枢纽(10个)	北京、上海、广州、昆明、重庆、成都、深圳、乌鲁木齐、西安、哈尔滨
区域枢纽(29个)	天津、石家庄、太原、呼和浩特、大连、沈阳、长春、杭州、厦门、南京、青岛、福州、济南、南昌、温州、宁波、合肥、南宁、桂林、海口、三亚、郑州、武汉、长沙、贵阳、拉萨、兰州、西宁、银川

注:数据源于《中国民用航空发展第十三个五年规划》《"十四五"民用航空发展规划》。

2010年建成起用的上海虹桥综合交通枢纽,集航空、高铁、城铁、高速公路、磁浮、地铁、公交等"轨、路、空"多种交通方式于一体,成为了上海对外交流的重要窗口和名片。2019年投运的北京大兴国际机场纵跨京冀,是我国首个跨行政区域国际航空枢纽。于2022年6月投运的鄂州花湖机场采用"航空货运枢纽+龙头航空物流企业"的国际领先模式,是亚洲第一个、全球第四个专业货运枢纽机场,将代表国家参与全球航空物流竞争。深圳宝安国际机场是中国首个海、陆、空一体化的国际空港,是一个具有海、陆、空联运功能的现代化航空港,占地面积高达 28.3 km², 建筑面积高达 69.1×10⁴ m²。

进入 21 世纪以来,国家越来越重视大型航空交通枢纽和相关体系的建设。2007 年发布的《综合交通网中长期发展规划》提出,综合交通网节点上的枢纽布局应综合考虑各条线路的顺畅衔接,实现合理接驳、换乘和交通一体化。2012 年《"十二五"综合交通运输体系规划》指出,"十二五"时期综合交通体系建设要统筹发展各种运输方式,实现一体化服务,全面推进综合交通枢纽建设。同年国务院发布《国务院关于促进民航业发展的若干意见》,在国家层面第一次明确"民航业是我国经济社会发展重要的战略产业",提出的首要任务就是加强机场规划和建设,对枢纽的具体要求是"着力把北京、上海、广州机场建成功能完善、辐射全球的大型国际航空枢纽,培育昆明、乌鲁木齐等门户机场,增强沈阳、杭州、郑州、武汉、长沙、成都、重庆、西安等大型机场的区域性枢纽功能"。2018 年发布的《新时代民航强国建设行动纲要》中指出,要推动机场特别是枢纽机场与其他交通方式的深度融合,形成一批以机场为核心的现代综合交通枢纽,要着力拓展现代综合交通运输服务空间,积极发挥各类交通方式的比较优势和集成发展优势。2022 年发布的《现代综合交通枢纽体系"十四五"发展规划》提出要推进枢纽多层级一体化发展、加强枢纽服务网络化发展,强化枢纽智慧安全绿色发展,加快枢纽创新驱动发展,并将综合交通和物流枢纽列入"十四五"规划中的 102 项重大工程项目予以推进,为综合交通枢纽体系建设指明了方向,也提出了新的更高要求。

1.2　大型航空交通枢纽工程主要特征

民航业的发展目标,是服务于国家经济与社会的发展。大型航空交通枢纽通常集成了机场、高铁、城市轨道交通、高速公路等多种交通方式,以机场为核心,叠加多层次的交通网络,是实现人流、物流快速集散的主要手段,是推动民航业高质量发展的重要基础。大型航空交通枢纽工程主要特征包括规模大型化、复杂集成化、高质量发展需求和数字智能化。

1.2.1　规模大型化

2019 年我国民用运输机场完成旅客吞吐量 13.5 亿人次,货邮吞吐量 1 710.0 万 t,飞机起降 1 166.0 万架次。年旅客吞吐量 1 000 万人次以上的运输机场有 39 个,年货邮吞吐量 1 万 t 以上的运输机场有 59 个。逐渐扩张的运输需求推动了国内各地的机场新建和改、扩建工作,伴随着机场航站楼面积、停机位数量、行李转盘数目的增加和飞行区等级的不断提升,大型航空交通枢纽的规模逐渐趋向大型化,部分机场的规模见表 1-2。

表 1-2　部分机场主要规模数据

机场名称	航站楼面积 /×10⁴ m²	停机位数量 /个	2019 年旅客 吞吐量/万人次	飞行区等级
北京首都国际机场	141.00	314	10 001.36	4F
上海浦东国际机场	145.60	340	7 615.35	4F
广州白云国际机场	118.17	269	7 337.85	4F
成都双流国际机场	50.00	228	5 585.86	4F
深圳宝安国际机场	45.10	199	5 293.19	4F
昆明长水国际机场	54.83	110	4 807.60	4F
西安咸阳国际机场	35.00	127	4 722.05	4F
重庆江北国际机场	73.70	209	4 478.67	4F
杭州萧山国际机场	110.00	192	4 010.84	4F
武汉天河国际机场	49.50	117	2 715.02	4F

注:不考虑新冠肺炎疫情影响,本表选择 2019 年作为背景年份。

1.2.2　复杂集成化

大型航空交通枢纽工程是包括多主体、多专业、多项目的大型复杂工程。一是,大型航空交通枢纽工程具有技术复杂性。机场工程涉及的专业众多,各类高新技术推动机场建设工业化、智能化、数字化升级,各类专业技术应用于工程建设的各个方面和过程,使得机场工程的整个技术系统变得相当复杂。二是,大型航空交通枢纽工程具有过程复杂性。大型航空交通枢纽工程的建设需经历从选址、规划、设计、施工、竣工等多个阶段,工程建设与运营筹备相交叉,每个阶段和环节紧密联系、交互作用,组成机场的各个工程的实施过程各不相同,形成复杂的多边互动关系。三是,大型航空交通枢纽工程具有环境复杂性。大型航空交通枢纽工程既涉及工程所处的地域地缘自然资源等自然生态、市场物资资金流通等经济生态、政策文化科技毗邻关系等社会生态所构成的复杂生态环境,又涉及投资主体、建设单位、运营单位等实体群所构成的复杂人际环境。四是,大型航空交通枢纽工程具有组织复杂性。大型航空交通枢纽工程在组织结构上具有错综复杂性与多样性,将众多独立个体单位和机构协同关联并实现总进度目标就需要更大的管理强度。

机场作为重要的交通基础设施,在促进综合交通一体化融合发展方面发挥重要的作用。"十三五"阶段,我国连接轨道交通的机场总数达到 32 个,"十四五"拟新接入轨道交通的大中型机场有 11 个。从大型机场主要交通方式统计情况来看,目前我国现有 4F 级机场 18 个,均体现出多种交通方式融合发展的特点,所有机场均包含民用航空与轨道交通两种方式。其中,北京大兴国际机场作为全国大型航空交通枢纽工程建设的典范,全面建成集民用航空、高速铁路、轨道交通、高速公路等众多交通方式为一体的综合交通路网。"十四五"期间,拟新建厦门翔安国际机场、大连金州湾国际机场、呼和浩特盛乐国际机场,4F 级机场数量将达到 21 个,多种交通方式融合发展成为新时期下民航发展的新特征,具体统计情况见表 1-3。除此以外,以上海虹桥国际机场、天津滨海国际机场等为代表的 4E 级机场也涵盖除民航以外其他多种交通衔接方式。例如,天津滨海国际机场三期改扩建工程将引入两条高铁线路和三条地铁线路。近年来,多种交通方式的融合发展已通过新建、改扩建等方式在我国大中型机场的建设过程中逐步实现,成为新时代的重要特征。

表 1-3　我国 4F 级机场主要交通方式统计

编号	机场名称	续建、新建、改扩建、迁建工程		主要交通方式			
		"十三五"期间	"十四五"期间	民用航空	高速铁路/城际铁路	地铁	高速公路
1	北京大兴国际机场	续建(新建)	—	√	√	√	√
2	成都天府国际机场	新建	续建(新建)	√	√	√	—
3	北京首都国际机场	—	—	√	—	√	√
4	上海浦东国际机场	改扩建	改扩建	√	—	√	—
5	广州白云国际机场	改扩建	续建(改扩建)	√	—	√	—
6	成都双流国际机场	改扩建	—	√	√	√	—
7	深圳宝安国际机场	改扩建	续建(改扩建)	√	—	√	—
8	昆明长水国际机场	改扩建	改扩建	√	—	√	√
9	西安咸阳国际机场	改扩建	续建(改扩建)	√	—	√	—
10	重庆江北国际机场	改扩建	改扩建	√	—	√	√
11	杭州萧山国际机场	改扩建	续建(改扩建)	√	—	√	—
12	长沙黄花国际机场	改扩建	改扩建	√	—	√	—
13	武汉天河国际机场	改扩建	改扩建	√	√	√	—
14	郑州新郑国际机场	改扩建	改扩建	√	√	√	—
15	南京禄口国际机场	改扩建	改扩建	√	—	√	—
16	青岛胶东国际机场	迁建	续建(迁建)	√	√	√	√
17	厦门翔安国际机场	迁建	新建	√	—	√	—
18	呼和浩特盛乐国际机场	迁建	续建(迁建)	√	—	—	√
19	大连金州湾国际机场	迁建	迁建	√	√	√	—
20	香港赤鱲角国际机场	—	—	√	—	√	—
21	台湾桃园国际机场	—	—	√	—	√	—
合计				21	7	20	7

注:数据源于《中国民用航空发展第十三个五年规划》《"十四五"民用航空发展规划》。

基于此,在大型航空交通枢纽工程的建设与运营中,需要从综合管控的角度出发,全面考虑机场作为综合交通枢纽、商业综合体和港产城融合发展引擎等多重身份的需求和特点,确保工程的高效运转和顺利推进。作为综合交通枢纽,机场设施往往与地铁、高铁、公路等多种交通设施同步规划建设,需要与其他交通方式在设计、施工、进度等方面高效协同;作为商业综合体,脱离过去交通枢纽周边商业因环境质量等问题而停留在低层次粗放发展层面,高效整合商业、商务、文娱、会展信息服务等功能进行城市交通规划建设;作为港产城融合发展的引擎,机场工程除需满足地方政府对投资效益的期望外,还需要在设施布局上与临空各产业做好协调。

1.2.3　数字智能化

作为工程项目的管理和技术手段,集数字技术与建设技术于一体的 BIM 技术可以提高管理团队的精细化管理能力建设,实现机场工程的数字化设计、施工及竣工交付,提高工程建设质量和项目的综合管理水平。鄂州花湖机场建设贯彻高标准、全数字的数字化建造目标和领先的数字化管理理念,采用"网络化、数字化、智慧化"的"物联网 + 大数据"的物流机场数据底盘,BIM 咨询方加入设计、招采、施工、运维等各阶段,在建立标准体系的基础上,参与设计招标、正向设计、模型出图、模型审查、平台化管理等工作,将 BIM 技术应用于项目建设全生命周期,致力于树立民航数字建造示范工程,建设成国内机场工程第一个全过程 BIM 正向实施应用示范案例。

随着人工智能、人脸识别等前沿科技不断发展,我国机场的智能化、智慧化升级需求不断增长,互联网、大数据等新技术逐步与民航业结合,形成运行、管理、服务、商业、安防等业务的数字化和智能化。2016 年 7 月,深圳宝安国际机场首次将人脸识别系统嵌入机场安检信息系统,标志着人脸识别技术已经被机场所接纳。2016 年 12 月,银川河东国际机场在航站楼出入口、安检口、VIP 客户休息室、登机口、出入港廊桥等场景正式上线人脸识别系统,提升了机场安全保障能力和服务品质,从安全、运营、管理、服务等多角度全面智能化。2017 年,广州白云国际机场先后完成了启用电子"二维码"过检、更换安检通道"双视角"X射线检查仪、引进"人脸识别"验证系统测试等一系列科技创新项目,运用全息投影技术和安检服务引导等,全力推进智慧机场建设。2018 年 1 月,兰州中川国际机场人脸识别系统正式启用,在国内机场中率先步入了"刷脸登机"新时代。2019 年 9 月 25 日,习近平总书记出席北京大兴国际机场投运仪式,要求建设以"平安、绿色、智慧、人文"为核心的"四型机场"。2020 年 10 月,中国民用航空局正式发布《四型机场建设导则》。2021 年 8 月交通运输部发布《综合客运枢纽智能化系统建设技术总体要求》的修订立项公告,意味着综合客运枢纽智能化系统的标准化工作正在不断推进。

1.2.4　高质量发展需求

高质量发展是"十四五"乃至更长时期我国经济社会发展的主题,关系我国社会主义现代化建设全局。回顾"十三五"民航发展历程，可以清晰地看到，我国民航市场空间越发广阔，航空公司竞争力不断增强，机场网络布局日趋合理，空管服务能力稳步提升，安全安保水平世界领先，技术保障水平显著进步，通用航空产业化发展蓄势待发，参与国际民航合作和交流程度愈加深入，民航自主创新发展体系初步形成。2005 年我国民航运输规模世界排名第二，这标志着经过十余年的接续奋斗，我国已经基本实现了从航空运输大国向单一航空运输强国的"转段进阶"。

我国民航"转段进阶"开启全面高质量发展新征程，民航工程从追求规模速度向追求质量效率转变。2017 年 9 月，中共中央、国务院发布了《中共中央国务院关于开展质量提升行动的指导意见》，要求确保重大工程建设质量，建设百年工程。2018 年 11 月，交通运输部印发《"平安百年品质工程"建设研究推进方案》，明确要求在基础设施建设质量安全领域，要继续深入开展"品质工程"攻关。2020 年，在我国民用机场建设领域，为响应国家对基础设施建设高质量发展的要求，民航局相继发布了《中国民航四型机场建设行动纲要（2020—2035 年）》《中国民用航空局关于推动新型基础设施建设促进民航高质量发展的实施意见》《关于打造民用机场品质工程的指导意见》等指导性文件。我国接下来的机场建设工程项目将呈现设计施工理念更新颖、新技术应用更广泛、管控手段更高效等特点，从工程建设方面积极响应民航高质量发展要求。

2017 年新春，习近平总书记视察北京新机场建设工地时作出重要指示，强调要践行工匠精神，全力把北京新机场建设成为"四个工程"——精品工程、样板工程、平安工程、廉洁工程。"十四五"时期民航发展是安全底线牢的发展，随着飞行量的进一步增长，如果安全水平不能实现质的飞跃，安全风险的绝对值会越来越大，必须加强系统安全管理，才能牢牢守住安全底线，不断创造新的安全纪录。"十四五"时期民航发展是服务品质的发展，人民群众航空服务需求将更趋多样化、个性化，必须在更高的起点上，以更高的标准提供更加符合旅客需求的服务产品，做到服务产品多样、服务价格合理、服务流程便利、旅客体验美好，民航服务品牌始终成为"中国服务"的标杆。"十四五"时期民航发展是生态文明建设的发展，将生态文明建设提升至更高的高度，要求全生命周期集约利用资源、节能减排、实现生态和谐。"十四五"时期民航发展是突出工程质量的发展，努力打造样板工程、精品工程，提升为世界一流水平。"十四五"时期民航发展是注入科学技术内生力的发展，推行数字驱动、生产智能、管理智慧、运行顺畅的机场管控模式。机场建设以品质工程为目标，以现代工程管理理念为手段，推动新时代机场建设高质量发展，更好满足人民日益增长的美好生活需要，助力民航强国建设和全面建设社会主义现代化国家。

1.3　调研对象及内容

近年来，部分机场建设及运营单位在适应行业发展新趋势、客户新需求、项目管理新理念以及数智技术新手段等方面作出了一定的探索与创新，逐步向现代工程管理模式过渡，但同时也可以看到,我国机场建设整体发展水平参差不齐,绝大多数的机场建设及运营单位仍采用传统的项目管理模式。本书希望通过总结先进机场项目管理经验,为民航业今后的发展提供借鉴。因此,同济大学课题组于 2021 年 7 月参与了首都机场集团的调研工作,主要围绕近年来开展的大型机场工程建设项目并取得较好绩效的建设单位进行较为全面的实践经验总结。本次调研采用线上和线下两种方式,共计调研国内 22 个机场管理机构,具体调研单位名单见表 1-4。

表 1-4　调研机场管理机构名单

实地调研单位名单(7个)	通函调研单位名单(15个)		
首都机场集团有限公司北京大兴国际机场	广州白云国际机场股份有限公司	青岛国际机场集团有限公司	西部机场集团
上海机场(集团)有限公司	湖北机场集团有限公司	元翔(厦门)国际航空港股份有限公司	—
湖北国际物流机场有限公司	深圳市机场(集团)有限公司	山东省机场管理集团济南国际机场股份有限公司	—
四川省机场集团有限公司成都天府国际机场分公司	重庆机场集团有限公司	湖南机场股份有限公司长沙黄花国际机场分公司	—
杭州萧山国际机场有限公司	云南机场集团有限责任公司	海口美兰国际机场有限责任公司	—
天津滨海国际机场有限公司	民航西藏自治区机场集团有限公司日喀则定日机场分公司	广东省机场管理集团有限公司	—
黑龙江省机场管理集团有限公司	呼和浩特机场建设管理投资有限责任公司	山东省机场管理集团	—

调研重点围绕机场建设基本情况,聚焦其管理理念、管理团队、管理方法、管理手段、协调机制等方面,具体包括以下内容。

(1) 项目概况:建设背景、建设内容、项目投资、建设特点与难点等。

(2) 管理理念:现代工程管理理念应用情况等。

(3) 管理团队:组织结构、工作职责等。

(4) 管理方法:建设运营一体化运作机制、跨界面集成化管控、工程管理模式、总进度综合管控、全过程咨询等。

(5) 管理手段:BIM 技术、数字化管理平台、数智技术等的应用。

(6) 协调机制:对内协调机制、对外协调机制等。

第 2 章 | 大型航空交通枢纽工程项目管理发展趋势

大型航空交通枢纽作为实施民航强国战略体系的重要引擎,在发挥综合交通多元主体组团效应的同时,对工程的规划设计和建设管理等方面带来了诸多挑战。随着机场工程转变为各类交通方式集成的枢纽工程,未来项目管理发展将更加需要系统思想和一体化思想,协调处理各投资界面、组织界面、施工界面的问题,同时,"四型机场"建设也提倡以人为本、价值工程的建设思想,包括建设安全工程、精品工程和廉洁工程。在现代化管控思想的基础上,建立跨投资界面集成、跨行政管理部门集成、跨交通方式集成、跨阶段集成的管控组织,通过程序化、标准化、常态化、精细化的管理方式和数字化、智能化的管控手段,才能更好地应对新时代背景下大型航空交通枢纽工程项目管理所面临的挑战。

尽管我国部分大型航空交通枢纽工程项目在管控方法、管控手段等方面进行了探索与创新,但应认识到,这些仅是在传统工程管理基础上进行的个别探索,对可复制和可推广的现代工程管理理念、方法与手段仍缺乏较全面的、系统性的分析研究,距离全面实现全行业高质量发展的要求还存在不小的差距。

因此,本章将从管控思想、管控组织、管控方法和管控手段四个方面分析我国大型航空交通枢纽工程项目管理模式发展趋势,提出新时代下大型航空交通枢纽的建设新思路。

2.1 管控思想现代化

大型航空交通枢纽工程具有规模大、利益相关者众多和界面复杂等特点,随着机场工程由单一项目向多类型项目转变,机场建设由快速建设向高效益、高质量建设转变,以及机场服务的日益品质化,项目管控思想在"以目标为导向、以计划为基础、以控制为手段、以客户为中心"的基础上不断改革进步,形成系统思想、一体化思想、以人为本思想和价值工程思想等一系列现代化的管控思想。

1. 系统思想

项目现代化管控思想首先体现在大型航空交通枢纽工程项目的系统管理。系统管理旨在项目建设的生命周期内,用系统工程的理论、观点和方法,进行有效的规划、决策、组织、协调、控制等系统性的、科学的管理活动,使工程项目按既定的质量要求、时间限定、投资总额、资源限制和环境条件,圆满地实现大型航空交通枢纽工程项目目标。正如系统管理思想所强调的,管理不应该只用单一的线性因果关系去看待问题,而是追踪参与问题的各种因素之间的关系,大型航空交通枢纽工程项目建设亦如是。大型航空交通枢纽工程建设过程中涉及机场工程、轨道交通工程等多专业工程,涉及建设方、运营方、政府部门等众多利益相关者,其管理更应转变为注重多方、多专业、多功能的集成系统管理。系统管理思想主张将工程项目当作一个整体系统来对待,注重系统整体中各个部分的相互联系和制约,并从环境的角度来观察、分析以至规划、协调和控制其变化,力求合理、高效地处理一切问题,在以往"投资、质量、进度"三大目标系统管理的基础上,将系统化思想提升到更高的水平。

2. 一体化思想

面对大型航空交通枢纽工程规模、体系的日益庞大,项目建设越来越注重一体化思想的应用。一是组织结构的一体化,单一工程的设计、施工主要由各领域内的各专业设计院、施工单位独立负责,而大型航空交通枢纽工程需要由不同领域的专业设计院共同设计、各施工单位交叉施工。这就需要各领域的一体化管理,多方参与人员力争达到无缝结合,人员之间只有职责之分,没有业主、管理人员、施工人员之分,实现人员专业配置、管理工具、检查工具、办公设施、通信设施等资源的最优配置。二是建设运营的一体化,在项目建设的全生命周期中将建设与运营相结合,全面协调各项设计工作并制订项目所需的通用设计标准及格式,制订总体采购及质量查验程序以确保项目各单元的技术、质量、制造及安装要求的一致性。三是项目程序体系的一体化,整个项目在既定的实施计划和执行程序下运行,项目成员按此体系去工作,确保所有的技术要求、条件及相关的标准规范、法律法规得到遵守。四是参与项目管理各方的目标及价值观的一体化,通过团队建设统一思想,总结纠偏活动,不断地强化参与各方无缝结合。

3. 以人为本思想

"四型机场"建设中,人文机场建设是民用机场高质量发展的目标和终极追求,大型航空交通枢纽工程建设也应秉承以人为本的建设思想。一是建设安全工程,大型航空交通枢纽工程项目施工关注安全生产,改善劳动者的生产作业和生活环境,保障劳动者合法权益;大型航空交通枢纽工程项目运营进一步拓宽服务领域,丰富服务内涵,为旅客提供安全、便捷、舒适的航空出行环境。二是建设精品工程,注重大型航空交通枢纽的品质和服务属性,注重旅客、货主和员工的切身需求。三是建设廉洁工程,做好制度、监督、执纪等方面的安排部署,定期开展廉洁警示教育,严肃问责、失责必究、及时处置,努力建设经得起时间、历史和人民检验的大型航空交通枢纽工程项目。

4. 价值工程思想

价值工程以产品功能分析为核心,力求用最低的生命周期成本实现产品的必备功能,从而提高价值,实现各方共创共赢。可行性研究阶段,分析、比较和选择项目地点、项目设计方案、项目建设方案;设计阶段,在保证各专业工种的设计符合国家和用户要求的前提下,通过实施价值工程,解决各专业工种的协调问题,得到全局合理优化的方案,使大型航空交通枢纽工程项目功能更加合理,并有效控制工程造价,节约社会资源;项目实施阶段,在满足项目质量标准和工期要求的前提下,寻求最低的作业成本,获得最大的利润和效益,提升项目管理的水平。

2.2　管控组织集成化

多种交通方式的融合发展给工程的规划设计和建设管理带来了诸多挑战。为实现民用航空、高速铁路、城际铁路、高速公路、地铁、地面公交、出租车等多种交通方式的协调统一,实现相应市政配套工程的合理布局、顺利实施,需要综合协调跨组织的政府行业管理部门以及投资、建设、设计、施工和运营等多家单位。项目组织愈加集成化、网络化、复杂化,具体表现在以下四大方面。

1. 跨投资界面的集成

大型航空交通枢纽工程通常集多种交通方式于一体,由不同投资主体投资建设,各子项工程的功能和性质各有差异,各主体的投资界面相对模糊,因此大型航空交通枢纽工程各投资主体之间需要有合理可行的合作模式,集成管控项目投资建设。投资界面的集成首先需明确投资、建设、运营过程中的责任划分,各投资主体拥有对应的建设管理权限,并建立协同决策机制以应对投资主体的不同需求;其次体现在投资控制,大型航空交通枢纽工程项目的投资控制职责可由各投资主体共同授权成立一家投资控制责任单位担任整个项目的投资控制职能,并作为专业的造价控制单位。

2. 跨行政管理部门的集成

大型航空交通枢纽工程既具有公共性也具有收益性,体现出了政府—市场双元体系的显著特点,对一个区域甚至一个国家的国民经济和社会发展产生重要战略影响。政府部门集中掌握着大量土地、金融资源和自然资源,在政治动员、力量整合、政策推进等方面具有其他主体难以企及的优势。因此,大型航空交通枢纽工程项目组织必须由政府主导,以解决组织系统内外各个利益相关机构的合作协调问题。与一般建设项目不同,大型航空交通枢纽工程建设内容丰富,建设程序复杂,需要发改委、财政局、拆迁办、交通运输委、空管局等众多政府行政监管部门共同治理,推进工程项目建设。以北京大兴国际机场为例,该大型航空交通枢纽涉及北京市、河北省两地政府,对管控组织更是提出了跨区域集成的新要求。

3. 跨交通方式的集成

大型航空交通枢纽由航空、高铁、地铁、高速公路、配套服务设施等子系统共同组成。为建设一体化的综合交通枢纽,应做好跨行业的一体化管理与协调,包括机场、高铁、地铁等交通方式的设计协同、建设协同、运营协同,即设计阶段应实现机场设计单位、高铁设计单位、地铁设计单位等的集成；建设阶段以代建为手段实现航空、地铁、高铁建设一体化；运营阶段应借助信息化管理手段实现各交通方式的联动管理。

4. 跨阶段的集成

大型航空交通枢纽工程的建设部门为各建设指挥部，运营部门为运营管理中心。为实现工程项目全生命周期的综合效益最大化和管理举措最优化，应遵循建设与运营的客观规律，实现建设和运营的一体化。项目前期，提前考虑工程建设与运营需求的融合；实施阶段，统筹考虑永久设施与临时设施建设；建设后期，突出工程验收与运营筹备的融合；运营初期，突出工程质保与运营服务的融合。因此，建设人员与运营人员应共同参与机场建设与运营管理，在明确责任分工和相互合作原则下，进行良好组织设计和人员设置，从而淡化组织边界，打破建设与运营的割裂局面。

项目组织跨行政管理部门的集成、跨交通方式的集成和跨阶段的集成对组织韧性提出了更高的要求，项目建设期间各方面的动态适应能力更加重要。治理层级、管理层级与实施层级之间建立会议机制、周报、月报等机制。首先对项目进行前期策划和规划，做到行动有原则、处理有依据；其次是项目监督和管控，在已确定的投资、进度范围内建设，规范项目成员监督和管控的责任和界面，形成实际完成和规划完成情况的对比及原因分析，及时进行变更管理、纠偏和风险管理；最后进行项目经验总结和迭代，避免相同的问题再次影响到项目建设的进度。通过强化事前规划、事中反应、事后学习的流程和机制，增强组织的环境敏感度，形成组织面对危机的适应能力。

2.3 管控方法精细化

精细化管理既是企业竞争的关键手段，也是推动机场建设高质量发展的重要抓手。精细化管理可以体现在管理过程的程序化、标准化、常态化、规范化，是变经验管理为科学管理，变浅层管理为深层管理，变粗放管理为精细管理，变被动管理为主动管理，变静态管理为动态管理，变少数管理者管理为全员都参与管理的高水平管理模式。

随着我国逐步由交通大国向交通强国发展，顺应多种交通方式融合发展趋势、打造品质工程、促进民航业高质量发展，是各机场建设单位主要目标。"四个工程"中精品工程突出品质，按照国际一流标准，精心组织，精益求精，全过程抓好工程质量，打造经得起历史和实践检验的标志性工程。样板工程突出领先，落实"节能、环保、高效、人性化、可持续发展"和"建设运营一体化"理念，着眼于机场未来高效运行，打造高效便捷、融合发展的基础设施样板。平安工程突出安全第一，强调质量为本，强化工程安全制度、施工现场管理、深化安全预案和措施，实现安全生产、文明施工、绿色施工。要实现四个工程"精品工程、样板工程、平安工程、廉洁工程"的总目标，离不开高水平的精细化管理模式。

精细化管理要求用较少的人力、较少的设备、较短的时间和较小的场地创造出尽可能多的价值。由于大型航空交通枢纽工程项目存在大量的协调控制工作，界面复杂，管理者既要处理好项目群与外部环境的关系,又要保证各子项目不同管理流程的资源、信息和服务能够顺利流通。为了实现项目效益最大化,精细化管理十分强调项目管理的各个部门、各个工作环节、各个工种之间的协调和配合,鉴于多项目、多工种、多专业并行施工的特点,精细化管理要求在项目早期就开始组织各参建方的协调工作.使项目管理人员从一开始就获得项目需求信息,从而保证工作顺利进行。

大型群体项目管理的难点在于子项目之间的相互影响,实行精细化管理就是要消除这种界面之间的影响,建设指挥部整体策划、配套部门按照工程总体进度安排专职管理人员分管单项工程的建设进度,明确各级管理层责任,分层落实管理任务,将项目总目标具体落实到单体工程中,从组织和计划上保证项目建设目标的实现。

机场工程通常追求运营单位和建设单位的紧密结合。一方面,运营代表参与项目的建设管理,每周按时向运营方反馈工程进展情况;另一方面,运营代表可根据运营需要向建设方提出一些细节化的建议,尽量弥合建设与运营的交接缝隙,达到无缝衔接、精细化管理的目的。以运营为导向的工程建设精细化管理不仅有利于节约总投资、缩短工期,而且有利于运营管理人才的培养和项目施工质量的提升。

部分机场已在职责落实、绩效管理等方面逐步实现从传统粗放式管理向现代精细化管理转变。

鄂州花湖机场通过“业务流程化、流程表单化、表单信息化”,形成标准化、精细化的管理模式。“业务流程化”是指把所有业务归到流程上,实现流程倒逼业务的效果,以设计成果审核和归档为例,每个部门的职责都体现在流程图(附图 4-4)。“流程表单化”是指职责进一步细分,形成流程节点和部门人员的矩阵关系,将结构化的职责全部压实到每个人(附图 4-5)。“表单信息化”是指各个部门只要到相应业务环节时在系统上回答问题即可,并且不能逃避任何一个问题,使线上操作更加标准化。

上海机场在项目管理过程中,指挥部根据人才团队的不同情况,结合指挥部制度流程等,为各个部门及人员制订了相应的项目目标和考核机制。计划财务部制订年度总控计划,明确关键性节点,每个节点都有节点目标和完成的时间。根据总控计划,计划财务部还会编制每个部门的绩效表,项目绩效考核涵盖了进度、投资、合同、安全质量等多个维度。组织人事部负责把每个部门的绩效统一,再分解为每个员工的绩效。通过这些手段,总控计划转化为每个员工的绩效合约,关键性节点既明确到部门,也明确到个人,有利于各项任务的具体实施。

2.4　管控手段数智化

大型航空交通枢纽工程项目往往由多专业、多单位、多层级共同完成,需要建立协同平台以统筹多个平行专业的协调配合,组织多单位前后工序衔接,协调多单位间的目标与矛盾,保证上下层级间协同工作目标的有序性、规范化。传统的工程项目管理模式不再满足要求,数字化、信息化等计算机技术与现代通信技术逐渐成为精细化管理的新资源、新要素、新引擎,以实现决策与调度的高效化、沟通与控制的实时化、存储与检索的条理化等。

智能化管理是实现精细化管理和组织集成化管理的重要抓手,数据有助于精确判断建设情况,做出更符合实际情况、更有可操作性的决策,通过应用信息技术,能够打破信息孤岛,达到事半功倍的管理效果。前期准备阶段制订行为规范,搭建协同平台,实现流程化和标准化;设计阶段实现数据化管理、多专业协同,精确设计成果、专业模拟及决策,优化工期和成本;施工阶段多专业统筹,标准化施工,可视化交底,实现施工精确性;运营阶段利用三维可视化、信息共享性优势,提高设施管理、维护管理、能耗管理等方面的精细化程度。

智慧民航建设是深化供给侧结构性改革在民航业的集中体现,《"十四五"民用航空发展规划》提出,智慧民航建设要强化科技创新和新技术应用,提升数字化、智能化水平,通过民航科技创新和新型基础设施建设,推动行业数字化转型,带动行业智能化应用,实现行业智慧化融合。近几年随着各机场智慧化应用的深入,智慧民航建设需求越来越大,广州白云国际机场已建立了通过 AOC 系统实现飞机的进出港全环节监控;昆明长水国际机场通过运行协作系统,有效减少进港航班落地误差;上海虹桥国际机场及深圳宝安国际机场采用全流程自助通关系统、自助登机系统有效提高旅客通关效率;北京首都国际机场自主研发的 AEMS 系统可优化机场能源配给,提高利用率。

关于加快建筑业信息化、智能建造新基建,从中央到地方出台了一系列相关政策,在工程建设行业大力推行 BIM、5G、人工智能、物联网等信息技术,促进产业转型升级。住房和城乡建设部先后颁布 4 部国家 BIM 标准,并出台了《关于推动智能建造与建筑工业化协同发展的指导意见》;交通运输部出台了《关于推动交通运输领域新型基础设施建设的指导意见》,围绕加快建设交通强国总体目标,推动交通基础设施数字转型、智能升级;中国民用航空局颁布了《新时代民航强国建设行动纲要》《关于促进机场新技术应用的指导意见》《中国民航四型机场建设行动纲要(2020—2035 年)》《机场数据基础设施技术指南》等信息技术指导文件。

在我国民航"十四五"时期,要实现机场全面物联、数据共享、协同高效、智慧运行,BIM + 5G 将引领我国民航进行数字化转型、成为建设"四型机场"的主要引擎。大型航空交通枢纽建设融合新一代信息技术,以"数字孪生"将数据边界打通,提高互操作性,BIM 技术将机场项目所有工程对象表达为三维可视化的模型单元,建立了与"现实机场"一一映射的"信息机场";以 5G 为基础的通信网络使"现实机场"推动生产要素物联网,实现了建设与运营的属性数据与模型数据的精准关联交互。

智慧机场建设需要依靠统一集成的平台化管理,发展智能读取、模型仿真、身份识别等技术,数字化项目管理与集成化信息管理平台将成为多主体复杂工程项目管理的重要基础。通过智能读取技术,可以有效实现机场运行过程中人员身份识别、作业时间与地点数据自动采集、运行线路监测与规则监控。通过数据采集模型仿真技术可以从机场的选址、空管运行模拟、整体设计以及投入使用时航站楼内布局预演等方面进行仿真,为决策者提供更为可信的决策依据。

在过程管理方面,杭州萧山国际机场、鄂州花湖机场、北京大兴国际机场均采用智能视频监控系统,将传统的视频监测设备与机器学习、大数据等新兴技术相结合进行安全监测、进度管控。鄂州花湖机场与北京大兴国际机场均采用无人机航拍技术协助施工平面布置与实际施工进度监测。杭州萧山国际机场运用验收管理系统,根据现场上传的验收部位图,通过移动端高效数据录入,比对 BIM 数据,实现实测实量合格率多维度分析,并实现测量结果资料报表输出。对于隐蔽工程,鄂州花湖机场采用三维激光扫描技术对隐蔽工程进行抽查。

在物资管理方面,北京大兴国际机场采用物资称重计量管控系统。该系统可以拍摄视频、照片等影像资料,并上传到系统数据库,在材料进场的计划数量与实际数量不符时,可进行自动报警,实时数据分析,生成材料进场报表。

在环境管理方面,鄂州花湖机场建立环境监测系统,对施工环境的温湿度、风速风向、噪声、PM2.5、PM10 进行监测。北京大兴国际机场采用了传统的视频监控设备与大数据相结合的方式,利用本系统可实现声光报警、噪声监测、扬尘监测,将一系列施工现场数据传输至电脑终端,通过数据助力绿色工地建设。

在人员管理方面,鄂州花湖机场、杭州萧山国际机场均采用人脸识别技术与定位技术对施工人员进行考勤管理与作业轨迹管理。北京大兴国际机场创新使用"诸英台"劳务通手环,进行工人日常考勤、入场教育及班前教育、日常消费管理。在教育培训方面,北京大兴国际机场通过 VR 技术让体验者能够虚拟沉浸式体验工地安全区的每个项目。我国部分机场已开始在应用数智技术方面作出了尝试与探索。部分机场数智技术应用情况见表 2-1。

表 2-1　部分机场数智技术应用情况

机场名称	系统/技术名称	应用场景
杭州萧山国际机场	智慧系统	采用劳务实名制,进场人脸识别、人员定位监测等方式对进场人员进行统计分析,实时计算在岗人员及工种,保障考勤真实性,提高项目劳务管理水平
		通过蓝牙进场技术与车辆识别系统结合,实现场区内各类施工车辆和工区管理车辆的有效管控
	智能监测系统	塔吊安全监测、智能烟感设备安全监测、临边防护监测、智能鹰眼实时监测、工区安全隐患智能识别
	大数据管理系统	施工现场安全质量管理、人员管理、设备管理、党建管理、物联监测管理
	验收管理系统	根据现场上传的验收部位图,通过移动端高效数据录入,比对 BIM 数据,实现实测实量合格率多维度分析,并支持测量结果资料报表输出
鄂州花湖机场	视频监控系统	生活区、施工区全面安装视频监控系统,施工区安置鹰眼摄像头进行实时监测
	劳务实名制系统	人脸识别:办公区、生活区分别安装 3+1 闸机,双向进出人脸识别;人员定位:定位信息监控全天作业轨迹

（续表）

机场名称	系统/技术名称	应用场景
鄂州花湖机场	无人机航拍技术	采用无人机航拍技术，每周至少一次720全景拍摄并上传至固定链接，进行工程进度统计与比对
	三维激光扫描技术	采用三维激光扫描技术对隐蔽工程进行抽查
	环境监测系统	对施工环境的温湿度、风速风向、噪声、PM2.5、PM10进行监测
北京大兴国际机场	无人机航拍技术	在施工场地布置过程中，项目采用无人机航拍技术，直观反映并记录现场进度及场地使用情况，辅助现场布置管理
	VR技术	针对施工现场的操作设备和环境，设置相对应的VR交互体验内容，让体验者能够虚拟沉浸式体验工地安全区的每个项目，以达成操作安全教育及培训
	3D打印技术	采用3D打印技术，进行更加直观的可视化交底，把控施工全过程，提高施工质量
	劳务实名制	创新使用"诸英台"劳务通手环，该手环可以作为工人日常考勤、入场教育及班前教育、日常消费的工具，使实名制落地
	物资称重计量管控系统	该系统可以拍摄视频、照片等影像资料，并上传到系统数据库，在材料进场的计划数量与实际数量不符时，可进行自动报警，实时数据分析，生成材料进场报表
	视频监控系统	采用了传统的视频监控设备与大数据相结合的方式，利用本系统可实现声光报警、噪声监测、扬尘监测、监控摄像、语音对讲，将一系列施工现场数据传输至电脑终端，不仅实现施工现场管理，还助力绿色工地建设

第3章

现代工程项目管理
国际借鉴

近年来数字化、智能化技术的飞速发展,驱使工程建造与运维向智能化方向发展,引起管理理念、管理流程、管理理论和方法的变革和创新。本章依据"思维观念—集成与协同—技术创新"的路径对三种国际上现代工程项目管理的新理念、新手段进行了介绍,初步阐述了其为高品质现代航空交通枢纽工程管理提供的新思路、新方法。

建筑行业传统生产和管理模式存在专业及过程割裂等诸多局限,导致生产效率和客户满意度较低。在强调高质量发展的新时代,现代大型航空综合交通枢纽的功能、建设程序、工程组织日趋复杂,对建设与管理过程的集成度、管理工具与手段的高效性提出了前所未有的高要求。

现代工程项目管理以价值交付为目标导向,强调集成与协同的建设管理过程与组织,实施以数字化、智能化技术为核心工具的精细化管理。这些内容在国际上的实践与探索,指明了行业变革的整体方向,也为我国大型航空交通枢纽工程项目管理提供了借鉴。

3.1 价值驱动型项目管理

面向未来项目管理的变化和挑战,国际著名项目管理专家科兹纳博士于 2015 年在其重要著作《项目管理 2.0》中提出"项目价值交付体系"(Project Value Delivery System)的概念。书中对项目及项目成功作了新的定义:项目是计划实现的一组可持续的商业价值,项目成功是在竞争性制约因素下实现预期的商业价值。美国项目管理协会(Project Management Institute,PMI)于 2021 年发布的第 7 版《项目管理知识体系指南》(以下简称《PMBOK 指南》第 7 版),以价值交付体系新架构为核心,对价值进行了全新的定义,以适应现代项目的特点。PMI 认为不同的利益相关者以不同的方式感知价值,如客户可以将价值定义为使用产品的特定特性或功能的能力;组织可以关注由财务指标确定的业务价值,例如收益减去实现这些收益的成本;而社会价值可以包括对群体、社区或环境的贡献。

大型航空交通枢纽工程面临着规模越来越大、集成性越来越高、技术和智能化水平越来越先进的高质量发展要求,结合价值交付理念实现项目交付价值最优化将成为大型航空交通枢纽工程项目的变革方向。

3.1.1 项目管理知识体系变革

《PMBOK 指南》第 6 版和以往的版本,引导读者在项目管理的铁三角(质量、进度、成本)等项目管理知识领域下完成工作,这使得其适用于目标和解决方案比较清晰的项目,而难以满足模糊的、探索性的变革项目的管理需要。在新兴信息技术和新型商业模式的影响下,原有工作方式、组织模式已经无法适应复杂多变的环境,亟须进行转型与变革。

《PMBOK 指南》第 7 版对第 6 版中项目管理的核心精髓进行延伸,一改原有项目管理过程组和知识领域相结合的体系,采用原则和绩效领域结合的新架构进行编写,对第 6 版知识领域和过程组进行高层次、高维度的承接,最终形成一种框架指导,凝练出 12 条项目管理原则,以价值交付体系为主导,注重项目韧性塑造和建设理念,在 8 大项目绩效领域中借助不同的管理方法、模型及工具等执行落实不同的项目管理原则。

项目管理 2.0(PM2.0)是价值驱动型的项目管理,在传统项目目标控制的基础上,关注价值交付情况。项目成功与否不在于成果是否交付、是否得到相关方验收,而在于交付时相关方对可交付成果的价值感知与价值认同的程度,以及项目投入运营后可交付成果在全生命周期内为组织和社会创造价值的高低。如果一个项目投资、进度、质量都达标,但使用后效益很差,就不是一个成功的项目。项目管理 1.0(PM1.0)与项目管理 2.0 的对比分析见表 3-1。

表 3-1 项目管理 1.0 与项目管理 2.0 比较

		PM1.0(传统)	PM2.0(全生命周期)
定义	项目	为创造独特的产品、服务或成果而进行的临时性行动	计划实现的一组可持续商业价值
	项目成功	在时间、成本和范围的三重约束下完成项目	竞争性质因素下实现预期的商业价值
价值观点变化		所有项目顺序排列必须逐步完成	如果没有创造价值,项目完成与否不再重要
		成功的定义是按时、在预算内	成功是在竞争性制约因素下创造价值
		按时、在预算内创造价值	时间和成本不再是价值的仅有特征
		良好的企业项目管理方法论,使用得当将产出价值	方法论有用处,但它自身并不能产生价值
		客户想要高质量的可交付成果	客户想要能创造商业价值的可交付成果,质量可能只是价值的组成部分之一
		一旦实现了可交付性成果,在项目结束时价值才被测量	在一些项目中,价值的度量在早期建立,并在项目全生命周期中被跟踪

科兹纳博士将项目价值分为财务价值、未来价值、内部价值、客户价值四个象限。其中,根据发现成本的高低,内部价值和财务价值进一步被归纳为基础价值,客户价值和未来

价值被归纳为战略价值。有些项目的价值可以涵盖多个甚至所有象限,在考虑价值目标时需要根据项目特征,重点关注其将能实现最大价值的象限。

大型航空交通枢纽作为重要的交通基础设施,产品具有显著的公共性特征——利益相关方众多,政府部门、机场管理机构、社会公众等对其价值感知和认同的程度直接关系到项目的成功与否。因此,在价值驱动型项目管理视角下,大型航空交通枢纽工程的建设除了考虑通过管控传统的进度、成本、质量等目标,实现项目内部价值与机场集团等企业的财务价值,还要持续权衡项目的经济、社会、生态综合目标,考虑未来价值,即航空交通枢纽战略价值的实现。

3.1.2　价值交付体系

价值创造是价值驱动型项目管理的核心,可以通过单独或共同使用多种组件实现,如项目组合、项目集、项目、产品和运营。这些组件共同组成了一个符合组织战略的价值交付体系。价值交付体系通过与组织总体战略保持一致,缩小现实与战略愿景之间的差异,实现预期效益,为组织和社会创造价值。其中,价值可被表征为已实现效益减去实现成本的净结果。

一个价值交付系统可能包含若干个项目组合、独立项目集以及独立项目(图 3-1)。每个项目组合由若干个项目集以及与若干个项目集无关的独立项目组成,任何项目或项目集中都可能包含产品。项目、项目集与项目组合间相互影响,产生交付结果,并通过运营影响相关方对可交付成果的价值感知与价值认同的程度。价值交付系统存在于组织内部环境中,受政策、程序、方法论、框架、治理结构等制约,同时受到经济、竞争、政策等外部环境的影响。

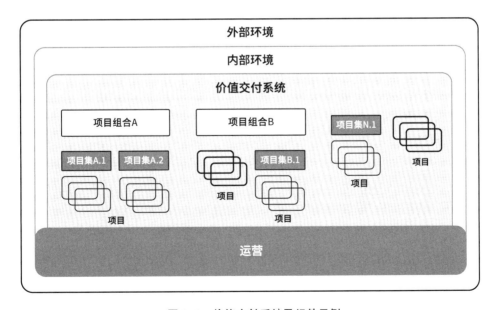

图 3-1　价值交付系统及组件示例

注:图片源自《PMBOK 指南》第 7 版。

图 3-2 阐释了价值交付体系的实现方式和路径,该图将组织战略与收益实现管理相连接,描述了"战略—目标—举措—可交付物—能力—成果—收益—价值—战略"循环,阐明战略需要通过项目加以落地、取得成果并产生收益,最终实现项目价值,达到战略目标。

大型航空交通枢纽作为新时期聚合高端资源、促进社会经济发展的关键平台,是一项极为复杂的系统工程,包括机场工程、空管工程、供油工程、航空公司基地工程以及高铁、地铁等多个子工程。这些子工程的

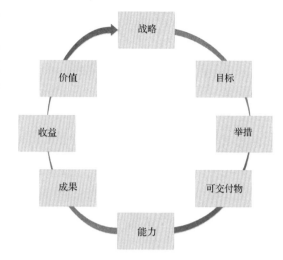

图 3-2　价值交付体系的实现方式和路径

投资方和建设单位不尽相同,多个建设主体需要进行协调以实现航空交通枢纽交付价值的最大化。就机场工程而言,可按区域划分为飞行区工程、航站区工程、货运区工程、公共区工程等,是一个复杂的价值交付体系。在这种情况下,需要根据大型航空交通枢纽总体战略,制订项目管理目标,建立以机场工程为核心的大型航空交通枢纽工程的价值交付系统,持续关注项目组合的内、外部环境变化,产生与目标相符的可交付成果,考虑项目全生命周期的效益,实现总体价值交付目标,进而实现枢纽总体战略目标的落地。

3.2　项目集成化交付

传统的建筑业生产管理模式已不再适应现代工程的发展,存在严重的割裂现象,阻碍了建筑业的技术创新与进步,亟须进行革新。通过信息集成、组织集成与协同、过程集成,交付集成的高质量设施,为解决行业生产的低效与割裂提供重要方法与路径。

项目集成化交付(Integrated Project Delivery,IPD)是一种管理大规模建设和发展项目的方法,正是集成化趋势下建设项目交付模式新的发展方向。根据美国建筑师协会(American Institute of Architects,AIA)的定义,IPD 是将人、各系统、业务结构以及实践经验集成为一个过程的项目交付方式,在这个集成的过程中,项目的各参与方可以充分利用各自的才能和洞察力,通过在项目实施的各个阶段的合作,使项目效率最大化,为业主创造更大价值。

3.2.1　项目集成交付基本思路

《集成项目交付指南》指明了 IPD 的基本思路,见图 3-3。一个高质量的设施应当符合使用者的需求,既要满足建筑使用的容易性和有效性,又要实现建筑在经济、社会环境等方面的可持续性。高性能的建筑是基础、结构、机电等众多系统高度集成而来的建筑体系,其

建设需要在有限的时间和预算内保证工程安全与各组成系统的质量。由于建设的复杂性，通常将建筑进行拆分，不同学科的专家分别解决其中一部分问题，往往缺乏对于整体建筑高质量的统筹。集成化建筑体系的性质要求不同专业的人员进行合作与信息交换，从而共同服务于建筑整体。因此，需要通过多专业团队协同作业生产集成的建筑系统，即集成化流程。业主方、设计方、施工方等多家单位共同构成了集成化组织，服务于高质量建筑的整体建设。为了提高工作的有效性，集成化组织还必须进行可靠且高效的沟通，而集成化信息支撑这种沟通的实现。可视化和仿真的集成化信息，能够支持管理人员快速访问与清晰理解，并用于高性能设施的价值评价。

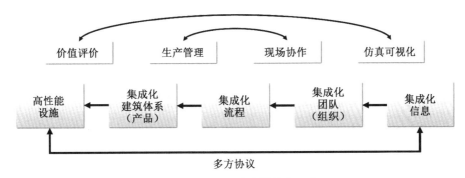

图 3-3　项目集成交付基本思路

注：图片源自《集成项目交付指南》。

3.2.2　高品质航空综合交通枢纽建设基本思路

将 IPD 模式应用于高品质大型综合交通枢纽建设，以厘清各要素之间的内在联系和明确高品质工程的实现路径。品质工程以"以人为本、优质适用、安全规范、绿色低碳、智慧高效"为目标和成果，推动新时代大型航空交通枢纽建设的高质量发展。民用航空、高速铁路、城际铁路、地铁、磁浮、高速公路、地面公交、出租车等多种交通方式集成的综合交通体系是高质量发展的关键基础。

集成化的交通方式需要集成化的管理过程，以实现多种交通方式的互联互通、枢纽运营的高效便捷。集成化的管理过程主要体现在多种交通方式的统一规划、统一设计、统一建设、统一运营，实现全过程一体化、多种交通模式无缝衔接。这样的管理过程不仅要靠多个参与方完成，还跨越了不同行业甚至是不同行政区域，是包含行政监管人员、行业管理人员、建设人员、运营人员等管理人员，以及咨询人员、设计人员、施工人员等实际参与人员的大集成。这些人员在同一环境、同一平台协作办公，有助于执行建设工程的集成管理过程。而集成的管理组织需要集成的信息网络的支持，对于不同行业、不同专业的人员需要建立统一的沟通语言、交流平台，以实现多种信息流的汇集以及融合使用。这些集成的信息服务于建设管理，也将对标高品质大型航空交通枢纽评价指标，实现价值评估。打造高品质航空综合交通枢纽的基本思路见图 3-4。

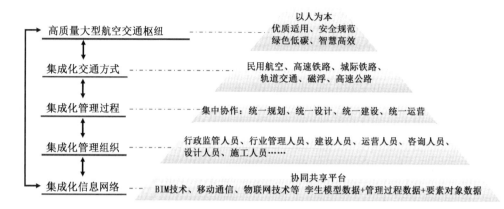

图 3-4 打造高品质航空综合交通枢纽基本思路

鄂州花湖机场依靠科技进步、改革创新和协同共享,进行全过程、全要素、全方位优化,是机场数字化集成交付的杰出案例。信息集成方面,鄂州花湖机场基于工程项目管理平台(EPMS),以轻量化 BIM 为基础,将工程项目的进度、质量、造价、变更、安全等管理工作转移到线上在线协同工作;建立包含 BIM 结构标准、BIM 分类与编码标准、BIM 数据(存储和交换)标准、BIM 实施交付标准等标准的 BIM 实施技术标准体系,保证建筑全生命周期各类信息的一致性及完整性。组织集成方面,建立 EPMS 平台应用小组,致力于解决 BIM 技术在本工程项目管理中的落地应用问题,实现项目管理标准化及资源优化配置。过程集成方面,鄂州花湖机场创造线下协同工作空间,使各专业团队在同一空间内同时协作,在明确各专业 BIM 负责人的基础上,联合湖北国际物流机场有限公司技术发展部为 BIM 深化建模提供二次开发技术支持,有助于高效协调和过程的集成管理。基于以上各方面的集成,鄂州花湖机场对项目全过程进行精细化、高效化管控,实现了建设阶段的数字化交付,为建设"自动化、数字化、智慧化"的枢纽工程项目奠定基础。

3.3 基于数智化技术的精细管理

PMI 发布的《未来项目经理:培养数字时代技能,在颠覆时代蓬勃发展》报告指出,数字化已成为社会变革的驱动力,需要包括项目经理在内的广大项目管理从业者具备数据驱动决策(Data-Driven Decisions)的能力,不断改变和发展自身角色并积极融入数字化变革的浪潮中。

3.3.1 建筑行业数字化变革

许多发达国家和国际组织积极推进信息技术在建设项目管理中的应用。国际智慧建设联盟(Building SMART International,BSI)积极推进 BIM 技术国际化,每年举办两次国际峰会以推进国际 BIM 项目交流(BSI Awards)。美国总务管理局(U.S. General Services Administration,GSA)、英国建筑业协会(Association of Employee Consultants,AEC)、澳大利亚基础设施建设局(Infrastructure Australia,IA)、新加坡建设局(Building and Construction Authority,BCA)等均发布了使用 BIM 的要求和准则。

BIM 技术作为建筑业信息化的重要组成部分,带来了建筑信息化的第二次变革,为建筑行业的信息化发展与垂直行业数字化转型提供了基础技术支撑与保障。建筑行业数字化变革从基于云计算、大数据等技术的管理数字化,基于 BIM 技术、装配式建筑、智能施工设备及数字孪生技术的生产数字化,以及传统业务与数字化技术结合下的产业数字化三个层次展开。

工程项目数字化建立在高度信息化的基础上,支持对人和物的全面感知、施工技术全面智能、工作互通互联、信息协同共享、决策科学分析、风险智慧预控。以建筑实体数字化为基础,围绕人、机、料、法、环等关键要素,以实操作业为核心,综合运用 BIM、物联网、云计算、大数据、移动通信、智能设备和机器人等软硬件信息技术的集成应用,实现资源的最优配置和应用。以信息技术为基础、数字化技术为支撑的智能建造,将实现建造过程的一体化和协同化,极大程度地提高建筑行业的生产力、效率和安全性。工程项目数字化的核心要素关系见图 3-5。

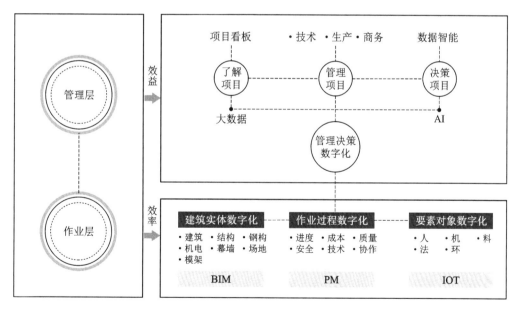

图 3-5 工程项目数字化的核心要素关系

"数字孪生"概念由 Grieves M. W. 教授提出,集成"现实世界"的多维度物理数据、高保真的"信息世界"模型及完整的数据映射关系,以提供更加务实、精确、高效、智能的服务。数字孪生体形成于工程全生命周期各阶段,由不同主体贡献,不仅对建筑实体进行建模,而且对工程全生命周期进行模拟。

在建筑业数字化变革的背景下,数字孪生、智能建造等技术融合应用,将实现建筑作业全过程控制、建筑物或建筑工地虚拟模型实时查看及监控,从规范管理流程、降低管理成本、提高管理效能几个方面,弥补传统管理的短板,构建科学、前馈、动态、多元共治的高水平管理模式,赋能工程建设管理的精细化与智能化变革。

3.3.2 机场数字化转型

《中国民航四型机场建设行动纲要(2020—2035 年)》将建设智慧机场建设、推动转型升级作为重要目标之一,提出需要加快信息基础设施、推进数据共享与协同以及数据融合应用,以实现机场的数字化、网络化、智能化。智慧机场即从机场全域协同运行、作业与服务能力、建造与运维水平等方面,推进机场航站楼服务智能化、飞行区保障少人无人化、旅客联程联运和货物多式联运的数字化,推动航班运行控制智能决策,提升协同保障能力,改进服务水平和运行效率。

国际机场协会(Airports Council International,ACI)、国际航空运输协会(International Air Transport Association,IATA)、国际民航组织(International Civil Aviation Organization,ICAO)、国际航空电信协会(Society International De Telecommunicatioan Aero-nautiques,SITA)、欧盟(European Union,EU)等国际组织指导通过实施 AI 算法、生物识别、BIM 等技术来推动未来机场数字化转型。机场数字化转型,即通过数字化战略的引领,在信息化、智能化关键技术与人才、资金、软硬件等资源与组织变革的支撑下,推动机场规划、设计、建设、运营全生命周期中各流程的数字化和精细化管理,建设高品质大型航空交通枢纽,进而提升服务水平、运行效率,最终打造并交付高度集成新一代信息技术的智慧机场。

管理过程智慧化是打造民用机场品质工程的重要抓手之一,与智慧机场建设要求相吻合,即要求广泛应用信息技术,搭建管理信息平台,提高管理效能,培育数字驱动的机场建设模式,推广贯穿全生命周期的信息模型应用,形成数字机场和实物机场两套资产。

与建筑业数字化变革路径一致,由信息化、智能化技术融合发展而来的数字孪生、智能建造技术是机场数字化转型的关键技术。数字孪生机场以海量空间地理信息和运行信息为支撑,将现实机场地理空间、设施设备、运行状态等转化为数据,形成一个存在于虚拟空间中但又与现实完全匹配融合的智慧机场。

以上海机场集团为例,该集团将智慧机场建设作为推进上海机场创新发展的重要举措,基于数字孪生技术打造并完善"孪生机场",全面将新技术融合生产运行、服务、安全、商业、管理、物流、交通、能源环境等业务领域的数据,实现全业务的态势感知及全景可视化,为机场决策层、管理层、运行层和作业层等各层面应用赋能,推进企业数字化转型、智慧化发展。

第 4 章

大型航空交通枢纽工程综合管控总体框架

大型航空交通枢纽工程综合集成管控任务非常复杂、难度极大，需要依靠科学的理念、技术和方法。大型航空交通枢纽工程综合集成管控所依据的基本理论很多，最重要和最基础的包括复杂性理论、系统论、控制论和信息论等。大型航空交通枢纽工程是一个复杂的系统，其建设和管理需要综合考虑多种因素，包括交通规划、建筑设计、施工管理、商业开发等。传统的还原论和整体论方法在解决某些问题时存在局限性，因此需要综合利用上述基本理论，采用综合管控的方法来应对。

大型航空交通枢纽工程综合集成管控以上述理论为基础，需通过目标耦合、组织耦合、任务耦合、信息耦合，解决大型建设工程项目的目标和任务统筹协调困难、组织协同集成障碍、信息管理割裂等突出难题，并通过组织级项目管理成熟度模型，识别组织现状与未来发展目标之间的差距，逐步提高大型航空交通枢纽工程综合集成管控能力。

因此，本章在介绍基本理论的发展与内涵、应用方式与场景的基础上，提出了大型航空交通枢纽工程综合管控的理论框架；并通过介绍大型航空交通枢纽工程综合管控的方法与原则，提出综合管控的技术框架。

4.1 大型航空交通枢纽工程综合管控理论基础

4.1.1 复杂性理论

大型航空交通枢纽工程是包括多主体、多专业、多项目群的大型复杂工程，具体表现在技术复杂性、过程复杂性、环境复杂性和组织复杂性等方面。一般地，人们采用系统还原方法达到降解这类系统复杂性的目的，如采取项目结构分解（PBS）和工作结构分解（WBS）等方法，将庞大的建设工程和工作系统分解至较小的任务层级，针对每个任务进行具体的资源配置。然而，系统内部组成之间存在复杂的相互作用机制，系统的外部因素也会对其运行产生影响，因此我们不能简单地认为大型航空交通枢纽工程这样大而复杂的系统等同于其组成部分的加和。复杂性理论可以帮我们解决这一问题，在还原分解的基础上，将组成复杂系统的子系统或要素逐渐组装整合,在分解和整合的矛盾运动中实现从整体上认识和解决复杂问题,促成系统整体功能价值涌现。

1. 复杂性理论的发展

复杂性科学是以复杂性和复杂系统为研究对象,运用非还原论方法研究其产生机理及演化规律的科学。复杂性科学起源于 1928 年贝塔朗菲(Von Bertalanffy)对于生物有机体系统的成功表述,其诞生的标志是贝塔朗菲于 1937 年提出的一般系统论。到目前为止,复杂性科学的发展历史可以划分为三个阶段,分别是:研究存在、研究演化、综合研究(郭元林,2003)。

第一阶段,研究存在。这个阶段出现了一般系统论、控制论和人工智能三门学科。一般系统论是具有代表性的成果,促成了复杂性科学的诞生,但以后一般系统论发展缓慢,甚至出现了停滞局面,控制论也转向了工程技术层次,只有人工智能还得到不断发展,一直到现在仍是复杂性科学的重要组成部分。

第二阶段,研究演化。在此期间,学者们从不同的角度进行了对复杂性理论的思考,主要分为交叉学派、混沌理论学派、结构基础学派等。这些科学理论产生于 20 世纪六七十年代,从时间发展的角度研究复杂系统。这些复杂性科学理论之间存在着紧密的联系,但它们基本上各自处于独立的状态。虽然它们大多致力于科学的综合和统一,但科学统一的目标并未实现,因而没有形成统一的复杂性科学。

第三阶段,综合研究。进入这个阶段后,复杂性科学研究不再是分门别类地进行,而是打破了以前的学科界限进行综合研究。1986 年,比利时学者、诺贝尔奖获得者普利高津的《探索复杂性》(*Exploring Complexity*)一书以中、英文同时出版,是标志着复杂性科学热潮开始到来的又一重要事件。与此同时,我国著名学者钱学森院士通过对系统科学及其应用的探索和研究,特别是在建立系统学的过程中,逐步认识到复杂性科学的重要理论意义与实践意义(赵光武,2001)。这个阶段是复杂性科学快速发展、影响力也日益扩大的阶段,几乎各个学科领域都在这个阶段参与到复杂性科学讨论中,同时,复杂性科学的研究对象是复杂性与复杂系统的界定已得到众多学派的赞同。

2. 复杂性的分类

离开层次谈事物的复杂性,复杂性就是一个无法度量的、具有无限深度的虚假问题,因此描述复杂性首先应该限定在某一层次上。在进一步把复杂性按事物本身的变化、形态及性质与人类的认知进行划分后,复杂性可被分为本体论复杂性和认识论复杂性,其含义层次见图 4-1。

1)本体论复杂性

本体论复杂性描述的对象是事物的复合结构,它由许多相联系的部分或要素构成,即系统,表现为非线性、非平衡、动态性、自组织、非还原等特征。

《复杂系统演化论》一书中认为,复杂性是客观事物的一种属性,是客观事物层次之间的一种跨越,是客观事物跨越层次的、不能够用传统的科学学科理论直接还原的相互关系。钱学森把复杂性定义为开放复杂巨系统的动力学特性,突出强调系统规模的巨型性、组分

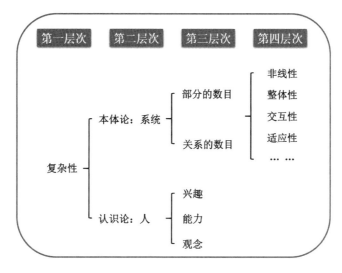

图 4-1 复杂性分类及其含义层次图

的异质性(种类多)、结构的层次性、对环境的开放性、相互作用的非线性和动态性等,同时,他还从方法论的角度界定了复杂性,认为"不宜用还原论方法处理的,而要用或宜用新的科学方法论来处理"的问题就是复杂性问题,这种针对事物本身复杂性的处理观点也被归入本体论复杂性范围内探讨。

2)认识论复杂性

认识论复杂性存在于认识主体,即认知者方面,认为复杂性也依赖于认知者兴趣、能力和观念,是对本体论复杂性的有效理解及表达。

认识论复杂性被认为来自人的"脑"中,强调复杂性的相对性,因此将其定义为"在得到关于某物的组成部分和这些部分之间的相互关系几乎全部信息的情况下,用某种语言对该物的整体行为进行精确的形式表述的困难程度"。由这个定义得到的复杂性依赖于主体的认识,主体选择的语言不同、注重的困难类型不同、语言的形式表述的类型不同都会造成不同的"复杂性"。换言之,某种程度上,复杂性并不是一个客观属性,对观察者 A 来说具有复杂性的某物,而在观察者 B 看来可能很简单。

3. 复杂性的研究方法

从 20 世纪开始,人们对自然有了新的认识,科学研究对象开始从简单性和简单系统转向复杂性和复杂系统,自然观随之变化,在方法论上,也开始要求实现新的超越和根本的转变。

复杂性科学的探索是从批判还原论开始的。还原论对于小的简单系统是成功的,其在策略上假定大系统不过是由许多相同的小系统组成的,可以由同样的理论框架和方法进行处理。但对于复杂系统,其整体行为并非简单地与子系统的行为相联系,不能简单地从局部的细节去判断,系统的整体行为绝不是简单的所有局部相加,一般情况是"1 + 1 ≠ 2"。这类问题是不宜用还原论方法处理的,而要用或宜用新的科学方法论来处理。因此,超越还原论就成为了一种必然,但这并不意味着要抛弃还原论。

整体论虽正确地看到了还原论的局限性,试图从整体上来把握事物,但是,缺乏分析的整体是具有片面性的整体,不是真正意义上的整体、系统的整体。整体论力图简化复杂的统一体问题,把部分的特性化归为同样被孤立认识的整体特性,这同还原论一样,在相当程度上仍属于简化的方法论。于是,复杂性科学在需要整体论的同时,也需要超越整体论。

可见,复杂性科学既要还原论,又要超越还原论;既要整体论,又要超越整体论,需要把还原论和整体论两种方法论结合起来。大体上,我们要"在纯粹分析思维与整体思维之间架起一座桥梁",可以采取用还原论将复杂系统逐渐分解,层层剥开,直到找出认为是组成或影响复杂系统本质的子系统或要素,同时用整体论找到认为是组成复杂系统的子系统或要素,逐渐组装整合,在分解和整合的矛盾运动中实现从整体上认识和解决复杂性问题,吸收整体论从整体上看问题的长处以及还原论深入分析的优点,注意克服它们各自的片面之处,将二者整合起来形成新的适合复杂性科学的方法论。

4.1.2 系统论

大型航空交通枢纽工程包括复杂的工程系统、工作系统和组织系统,对这些系统的分解不仅能够帮助我们明晰系统与外部环境的关系和边界,也能明确系统的范围和组成部分。此外,工程系统、工作系统和组织系统是信息产生的源头,这一分解并重新结构化的过程也为后续的信息集成工作提供了基本框架,例如制订进度计划时,需要以工作结构分解(WBS)中的具体任务层级提供的信息为依据,才能保证其可操作性。将大型航空交通枢纽工程当作系统来认识和处理,运用理论的或经验的、定性的或定量的、数学的或非数学的、精确的或近似的方法对其进行定义与分析,有助于更加准确地把握其内部现象的产生机理与演化规律。

1. 系统论的发展

系统思维最早出现在 1921 年建立的格式塔心理学研究中。1968 年贝塔朗菲的专著《一般系统论:基础、发展和应用》,总结了一般系统论的概念、方法和应用。1972 年他发表《一般系统论的历史和现状》,试图重新定义一般系统论。贝塔朗菲认为,把一般系统论局限在技术方面当作一种数学理论来看是不适宜的,因为有许多系统问题不能用现代数学概念表达。一般系统论这一术语有更广泛的内容,包括极广泛的研究领域,其中有三个主要方面(表 4-1)。

表 4-1　一般系统论的研究领域及内容

研究领域	研究内容
系统的科学	又称数学系统论,用精确的数学语言来描述系统,研究适用于一切系统的根本学说
系统技术	又称系统工程,用系统思想和系统方法来研究工程系统、生命系统、经济系统和社会系统等复杂系统
系统哲学	研究一般系统论的科学方法论的性质,并把它上升到哲学方法论的地位

2019 年美国新英格兰复杂系统研究所(New England Complex Systems Institute, NECSI)的 Yaneer Bar-Yam(创始人及所长)和 Alexander F. Siegenfeld 撰文,梳理了复杂性研究的共识,全面介绍了复杂系统科学这一领域的基本原理、常用方法和应用方向。两位学者认为,复杂系统科学是对系统一般属性的理解和讨论。但是对于众多复杂的物理、生物和社会系统来说,并不能用基于标准假设的概念和定量的分析框架来解释。复杂系统科学可以告诉我们这些假设在什么情况下失效,以及为什么失效,并提供了可以理解复杂系统属性的另一个框架(图 4-2)。

- 复杂系统科学
  - 基本原理
    - 为什么要复杂系统科学
    - 什么是复杂度
    - 什么是复杂系统
    - 复杂度和尺度上的此消彼长
    - 为什么要复杂
    - 分块的系统
    - 层次性
  - 分析复杂系统
    - 我们如何理解系统
    - 什么时候平均场理论失效
    - 肥尾分布及系统风险
    - 理解复杂系统
  - 复杂系统与不确定性
    - 进化过程
    - 多尺度进化过程

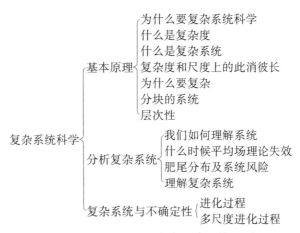

图 4-2　Yaneer Bar-Yam 的复杂系统科学综述框架图

此外,一些物理学家、生物学家和化学家还在各自的领域中沿着贝塔朗菲开创的开放系统理论深入研究一般系统论,其中比较著名的有普里戈金(I. Prigogine)的耗散结构论(dissipative structure theory),哈肯(H. Haken)的协同论(synergetics),艾根(M. Eigen)的超循环理论(hypercycle theory),托姆(R. Thom)的突变论(catastrophe theory)。以上理论都在不同程度上揭示了系统深刻的内在性质和规律,使得人们对系统有了更加深入的认识。

2. 系统的分类

世界上的系统千差万别,其形态也是多种多样的。为了更好地研究系统,揭示不同系统之间的联系,可以按各种不同的原则和标准对系统进行划分和分类。常见的几种系统分类见图 4-3。

1) 自然系统和人造系统

系统按自然属性可分为自然系统和人造系统。自然系统就是它的组成部分是自然物所形成的系统,如天体、海洋、矿藏、生态系统等。人造系统自形成时就被包容在自然系统之中,如人造卫星、海运船只、机械设备等。这两个系统之间存在明确的分界

- 系统的分类
  - 自然属性
    - 自然系统
    - 人造系统
  - 物质属性
    - 实物系统
    - 概念系统
  - 过程属性
    - 物理系统
    - 非物理系统
  - 运动属性
    - 静态系统
    - 动态系统
  - 环境属性
    - 开放系统
    - 封闭系统
  - 要素属性
    - 确定性系统
    - 不确定性系统
  - 复杂程度
    - 复杂系统
    - 简单系统

图 4-3　系统的分类图

线,但也在某些方面相互影响。实际上,大多数系统是自然系统与人造系统的复合系统。如在人造系统中,有许多是人们运用科学力量改造了自然系统。

2)实体系统与概念系统

系统按其物质属性可分为实体系统和概念系统。实体系统是指由矿物、生物、机械和人群等实体为基本要素所组成的系统;概念系统则是由概念、原理、假设、理念等概念性的非物质要素所构成的系统,如管理、教育、国民经济系统等。实体系统和概念系统在多数情况下是结合的,实体系统是概念系统的物质基础,而概念系统是实体系统的中枢神经,指导实体系统的行动或为之服务。

3)物理系统和非物理系统

物理系统是指由物理对象及其过程所组成的系统,如一条生产流水线、一辆拖拉机等。非物理系统是指由非物理对象及其过程所组成的系统,如社会系统、经济系统等。物理系统和非物理系统在一定的条件下可以交织在一起,你中有我,我中有你,共同构建一个内涵更丰富的大系统。

4)静态系统与动态系统

系统按其运动属性可分为动态系统和静态系统。动态系统就是系统的状态变量是随时间而变化的,是时间的函数。静态系统则是表征系统运行规律的数学模型中不含有时间因素,即模型中的变量不随时间变化,它只是动态系统的一种极限状态,即处于稳定的系统。然而,系统是属于动态系统还是静态系统常常取决于人对系统状态的描述方式。由于动态系统中各种参数之间的相互关系非常复杂,要找出其中的规律性有时是非常困难的。这时为了简化起见而假设系统是静态的,或使系统中的各种参数随时间变化的幅度很小,而视为稳态。可以说,系统工程研究的是在一定时间、一定范围内和一定条件下具有某种程度稳定性的动态系统。

5)封闭系统与开放系统

根据系统与环境的关系,系统可分为封闭系统和开放系统。封闭系统是指该系统与环境之间没有物质、能量和信息的交换,因而呈现一种封闭状态的系统。开放系统是指系统与环境之间有物质、能量和信息的交换的系统,如生态系统、商务机构等。研究开放系统,不仅要研究系统本身的结构与状态,而且要研究系统所处的外部环境,剖析环境对系统的影响方式及程度,同时考虑环境随机变化因素。

6)确定性系统和不确定性系统

确定性系统是指不包含不确定因素的系统。在确定性系统中,实时输入和实时状态能够明确地、唯一地确定系统下一个时刻的状态和输出,如牛顿方程等。不确定性系统是指系统中含有不确定因素的系统。在不确定性系统中,实时输入和实时状态不能明确地、唯一地确定系统下一时刻的状态和实时输出,被确定的只是一些可能状态的集合或一些可能输出的集合,如天气预报等。

7) 简单系统和复杂系统

简单系统是指组成系统的子系统或要素的数量比较少,而且子系统或要素之间的关系也比较简单,如一台设备、一个商店等。复杂系统是指组成系统的子系统或要素不仅数量巨大、种类繁多,而且它们之间的关系极其复杂,具有多种层次结构,如生物系统、人体系统、社会系统和经济系统。复杂系统又可分为大系统和巨系统,其中根据系统规模、开放性和复杂性,巨系统又可分为一般复杂巨系统和特殊复杂巨系统。

3. 系统论分析模型的应用

系统论分析模型(CESM),见式(4.1),规定任意系统 s 都能够被模式化,并且在任一给定的时间,都是四维的。

$$\mu(s) = C(s), E(s), S(s), M(s) \tag{4.1}$$

式中：$C(s)$——组成,即系统 s 的所有部分的集合;

$E(s)$——环境,即作用于系统,或由系统的一部分(或全体)产生的不属于系统 s 的成分的集合;

$S(s)$——结构,即系统 s 的组成部分之间或 s 同环境 $E(s)$ 中成分的特定关系的集合;

$M(s)$——机制,即使系统按既定方式运行的所有过程的集合。

以大型航空交通枢纽工程系统为例,它的 $C(s)$ = 工程实体和工程组织的集合,$E(s)$ = 工程所处的不同层级的外部环境,$S(s)$ = 各项建设工作之间和它们与环境之间的关系,$M(s)$ = 工程实体建成所需的过程活动的集合。

以下五点需要注意：第一,一个集合可能有固定的元素,也可能没有,仅当其有元素时才可称为一个集合。第二,除了宇宙之外的任何整体都包含一个相互作用的环境。第三,所谓的“联系”或其同义词“联结”是指使不同成分组合在一起的关系。例如,一个反应是一个联系,尽管其联系在形成过程中比形成后要丰富。第四,一个系统的结构可能会分成两部分——内部结构和外部结构,内部结构,或者说是内部组成之间的相互联系的集合;外部结构,或者说是系统组成同外部环境之间的相互联系的集合。其中,外部结构又包含非常重要的部分——输入和输出,前者是环境对于系统的所有行为的集合,后者是系统对于环境的所有行为的集合。任何只包含输入和输出的系统模型都被称作是“暗盒”,而同时代表了内部结构和运行机制的系统模型被称作“半透明盒”。第五,外部系统的那种只包含同环境之间有直接联系的系统组成的子集合可以称作是系统分界线。请注意,①这是一种比任何几何形状都要广泛的形式;②这种关于边界或边沿理论的提出,在系统运行机制需要它的任何时候都是适用的,尤其是最小化的机械系统和连续性的媒介在有限的区域内受限制的情况;③宇宙是没有边界的。

更精确地说,在现实中,我们并不用系统 s 的所有成分的集合 $C(s)$ 而是仅用 a 类成分的集合 $Ca(s)$,即我们定义一个交集或逻辑值：$C(s)a = Ca(s)$。同样地,我们定义了四元

数组 $\mu(s)$ 中其他三个坐标的新的形式,也就是,用 $Eb(s)$ 表示在 b 水平上系统 s 的环境,$Sc(s)$ 代表 c 水平上系统 s 的结构,$Md(s)$ 代表在 d 水平上系统 s 的运行机制。简单地说,我们定义了所谓的简化了的 CESM 模型,如式(4.2)所示。

$$\mu_{abcd}(s) = \langle C_a(s), E_b(s), S_c(s), M_d(s) \rangle \tag{4.2}$$

我们可以通过改变"a""b""c""d"的值来对同一个系统构造出很多模型。例如,在我们构建大型航空交通枢纽工程建设系统时,我们将其当作一个由所有工程实体和工程组织组成的系统,即 $Ca(s)$ = 工程实体,其结果是我们将系统的结构限制为 $Sa(s)$ = 各个工程实体之间的关系,但当我们给定另一个组成的层次 Cb,如 Cb = 工程建设的参与组织,该系统的结构 Sb 则可代表组织水平上的系统结构,也就是参与工程建设各方形成的组织架构。当我们对给定的工程系统的特定的子系统(如组织、进度计划或进度控制)进行分析时,我们就采用限定视角的方法来进行具体分析。

4.1.3 控制论

大型航空交通枢纽工程受到整体所处的外部环境因素和各局部所处的内部环境因素的影响。外部环境因素包括国家发展战略、民航业发展、综合交通系统规划、城市(群)及区域运行等,内部环境因素则根据不同的管理和技术特点而有所区别。在大型航空交通枢纽工程项目中,高层次控制系统(治理层级、管理层级)作为生存负责者,主要发挥决策功能,时刻关注外部环境变化并对内部活动进行相应的动态调整;低层次控制系统(实施层级)作为实践操作者,主要根据各局部工程所处的不同内部环境,在实施层面进行针对性的控制。此外,部分大型航空交通枢纽工程在建设过程中引入第三方管理咨询机构作为外部管控团队,也是"新一代"的二阶控制论在大型航空交通枢纽工程中的重要实践。

1. 控制论的发展

1948 年维纳出版了名著《控制论:或关于在动物和机器中控制和通信的科学》,标志着控制论这门科学的诞生。

20 世纪 50 年代末,工程控制论分支出现,艾什比的《控制论导论》出版,由维纳参与的生物控制论、医学控制论和神经控制论的研究开展,以及梅西控制论会议的各领域内顶尖专家学者,在自己领域组织和带领团队将控制论基本思想在自己的学科中进行应用和创新。此时控制论呈现了多方向发展的局面。维纳认为控制论包含了上述所有著作的思想和刚兴起的新分支的研究成果,并且认为可以将其概括成一个整体。

20 世纪 70 年代以后控制论的内容大大扩展了:控制论包括许多有关专著中的重要思想、理念和生物、工程、社会、军事等各分支的理论和应用研究成果。新出现的有福尔斯特"二阶控制论"以及著作《对理解的理解》(*Under-standing Understanding*)。所以,此后控制论"整体"中除了分支外还有以上列举维纳等人在新、老重要著作中所含的核心理念。

2. 控制系统及分类

1）控制系统

一个简单的控制系统,由两个最基本的部分组成——施控主体和受控客体,施控主体也叫施控装置,受控客体也叫被控对象。施控装置内部再细分有传感器和控制器,通过传感器接收信息,由控制器在对各种信息进行加工的基础上产生控制信号,控制信号再经过某一中间元件转化成为被控对象的控制作用。这种中间元件叫作执行元件。被控对象接受控制之后,对外产生输出。简单的控制系统见图 4-4。

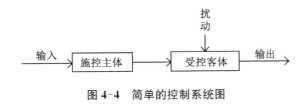

图 4-4　简单的控制系统图

2）按控制任务进行控制系统分类

一定的控制过程有一定的控制任务。控制系统是人们为完成一定的控制任务而设计制造的。由于控制的内容纷繁复杂,因此对控制系统的分类方法也有很多。从不同的角度,可以对控制系统进行不同的分类。按照控制任务的不同,可将控制系统分为以下几种主要类型。

（1）定值控制

在某些控制问题中,控制任务是使被控量稳定地保持在设定的数值,称为定值控制。实际存在的干扰因素使被控量偏离预定的设定值,控制任务旨在不使其偏离,使系统可能保持,故又称镇定控制。

（2）程序控制

如果控制目标的变动规律能够预先确定,并可以表示为一定的程序,而控制任务就在于执行这个程序,保证被控量按设定目标变化,那么这种控制就称为程序控制。

（3）随动控制

在许多情况下,控制任务既不是使被控量保持不变,也不是使它按照预定的规律变化,而是随着某个预先不能确定的规律变化。被控量是时间的函数,要求按照某个只能在系统运行过程中实时测定的变化规律来变化。

（4）最优控制

定值控制、程序控制和随动控制的控制任务可以统一表述为:保证系统的被控量和预定要求相符合。三者的区别在于,这种预定要求是固定的还是可变的,变化规律是预先确定的还是只能在运行过程中实时测量计算得到的。但是,许多实际控制过程关于被控量的设定要求不仅不能作为定值在系统中标定出来,或者作为已知规律引入系统作为程序,甚至无法在系统运行中获取。这类过程的控制任务应当表述为使系统的某种性能达到最优,即实现对系统的最优控制。

3）按控制方式进行控制系统分类

现代控制理论根据控制系统的控制方式不同,将控制系统分为三类,即开环控制系统、闭环控制系统和组合控制系统。

（1）开环控制系统

所谓开环控制系统,通俗点说,就是控制系统的输入不会受到输出状况的影响,即控制系统是没有反馈回路的。在这样一个系统中,被控量的值的信息没有被用来在控制过程中发挥控制作用。开环控制系统可以用图 4-5 表示。图中补偿装置的作用是对可测扰动量的补偿前馈控制。

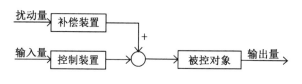

图 4-5 开环控制系统图

（2）闭环控制系统

所谓闭环控制系统,就是控制系统的输出通过反馈通路重新构成控制系统的输入,或对输入产生一定的影响,从而对控制系统产生控制力。闭环控制系统可以通过图 4-6 表示。

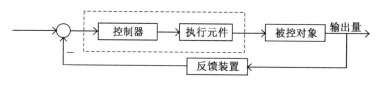

图 4-6 闭环控制系统图

（3）组合控制系统

顾名思义,组合控制系统是由开环控制系统和闭环控制系统组合起来形成的控制系统,故该系统具有开环控制系统和闭环控制系统分别具有的对于偏差的处理方式。一方面,它能够和开环控制系统一样对干扰进行补偿控制,减少因为干扰而产生的控制系统和控制目标之间的偏差;另一方面,它也有反馈回路,可以根据系统受干扰产生的偏离情况,调节目标的输出结果,通过信息反馈的方式改进控制结果。

3. 二阶控制论及其应用

人在社会系统中既是观察者又是行动者,由此引出二阶控制论及其学派,或被誉为"新一代"控制论。早期研究者认为,不管哪类对象,只要符合下列 4 个条件的系统,就可以用控制论的方法进行研究：①系统具有目标,②系统朝向目标的运动受到环境的干扰,③系统对目标和现况的偏差进行测量,④系统采取纠正动作。为了研制和确保一个高性能的系统,需要建立系统的模型来进行仿真研究。模型的建立必须是客观、以必要维数的变量来表示,因而是量化的,并且经得起重复验证的。这被二阶控制论学派称为一阶控制论(万百五,2010)。

1) 二阶控制论的主要观点

(1) 将控制论发展分为 3 个时段

冯·福尔斯特逝世后二阶控制论学派的领军人翁玻尔贝将控制论的发展划分成三个阶段,见表 4-2。

表 4-2　控制论发展的阶段划分

时间	阶段	研究内容及特点
20 世纪 40 年代中—1974 年	一阶控制论时段	跨学科的定位,工程研究法,聚焦于控制系统(实物系统),负反馈和循环因果,内稳态以及构造智能机器;必需变异度定律,自组织系统
1974 年—20 世纪 90 年代中	二阶控制论时段	观察者角色,聚焦于生命系统、社会系统,研究形态形成和正反馈而不是内稳态及负反馈,理解人类的认知及对理解的理解,自治系统
20 世纪 90 年代中至今	社会控制论时段	研究理念和社会的互动作用,思想运动的设计

(2) 以控制论的方式探讨、研究控制论

冯·福尔斯特这样通俗地解释二阶控制论的思想:"一个大脑被要求写出大脑的理论。"就是说,大脑理论的作者必须考虑进他自己的大脑活动。因为大脑的功能本身是一个控制论的问题,这样控制论被应用到它自己,成为"控制论的控制论",即二阶运作——二阶控制论。图 4-7 所示为人类学家 G·贝特森(G. Bateson)和米德对两类控制论系统在 1973 年所作的对比,其中上部为由检测及控制器组成的反馈,设计工程师在系统之外;下部中添加由维纳、贝特森、米德作为观察者—行动者形成的外反馈回路。这类系统后来就被冯·福尔斯特命名为二阶控制论系统。

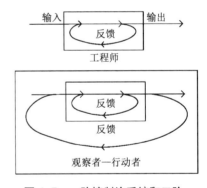

图 4-7　一阶控制论系统和二阶控制论系统的对比图

(3) 将控制论的原理运用于理解观察者的角色

观察者在试图研究和理解一个社会系统时,是无法将自己与系统分离开来的,也无法阻止自己对系统产生影响。翁玻尔贝列表总结了一阶控制论和二阶控制论的定义及要点的差别,见表 4-3。

表 4-3　一阶控制论和二阶控制论的定义及要点

提出者	一阶控制论	二阶控制论
冯·福尔斯特	被观察系统的控制论	观察者的系统的控制论
帕斯克	模型的目的	建模者的目的

（续表）

提出者	一阶控制论	二阶控制论
瓦雷拉	被控系统	自治系统
翁玻尔贝	系统中变量的互动	观察者与被观察系统的互动
翁玻尔贝	社会系统的理论	理念和社会间互动的理论

从表 4-3 中可以看出，冯·福尔斯特认为观察系统是指 Observed Systems，而观察者的系统是指 Observing Systems，表示从观察者的角度，它就是观察者（兼做行动者）加上被观察系统。显然，在一阶控制论中被观察系统被认为是独立于观察者的，而二阶控制论学者认为在社会系统和组织中由于观察者自己的立场、观点和理念很难做到完全独立，也无法阻止自己对系统产生影响，因此观察者与被观察系统存在互动关系。同理，帕斯克认为的建模者也是由观察者兼任。

瓦雷拉则认为一阶控制论研究的是被控系统，它的目标、目的（如给定值）是由外界（观察者、建模者）施加上去的；而自治系统（Autonomous System）是自己定义目标的系统，观察者处在系统之内，如一个具有自组织能力的国家或企业，建模者的目的这时就成为目的的"目的"了。引号中的目的正是二阶控制论强调要研究的要点，就是把建模者和被建模的系统结合在一起研究，提出"目的"的人就在系统之中，因此，系统才能是自治或自设定的（self-referential），自治或自设定是二阶控制论的中心思想之一。

翁玻尔贝的理论可以理解为一阶控制论的一些论点和方法，如反馈调节、自组织系统和必需变异度定律等可以应用到社会系统解决某些问题，但二阶控制论的理论是观察者（管理部门、领导阶层）的理念和社会间互动的理论，即为达到目标一致、相互理解建成和谐社会的理论。

2）二阶控制论的应用

（1）对话通信、沟通、理解和共识协议的形成上的应用

二阶控制论学派认为系统内的不同观察者由于利益而形成立场、观点和理念的不同，对系统的建模和优化决策结果是不同的，不存在客观，客观就是"共识"（万百五，2010）。因此，认为要尊重别人的意见，进行人际、组织间的沟通和国家间的沟通，必要时各人要调整自己的立场，通过语言沟通以取得共识，达成协议，这是一种对社会改变的态度——增加容忍和宽容。对话本身当然是循环的，对话也可以用来谈论对话本身，所以这是一个二阶控制论系统。甲说了话，乙听完后基于自己的理解重新组织语言进行回答，甲从回答中可理解为乙对自己的说话的理解。这就是对理解的理解。

帕斯克致力于这方面的研究并提出"对话理论"，它是一个控制论式和对话式的框架，提议以科学的理论来解释互动如何能导致"知识的构建"或"认知"：希望能既保存对话的动态/动力学的特性，又保住理解者存在的必要性。对话理论涉及诸如符号、语言定向的系统，其中响应依赖于一人对于另一人行为的解释，以及其中通过谈话同意对方的意向。意

向虽是被同意了，但是协议可能是虚幻的和暂时的，理论研究需要在人类处理事务中定出一个稳定的参考点，以便能复制对话成功的效果。它可以用来帮助人们之间有时是人与机器之间如何进行对话，以及帮助和测试学生学习某些事物或理论——在计算机辅助学习系统（CAL）中应用，并有效地应用在家庭心理治疗上。

（2）管理上的应用

比尔将控制论原理应用于组织（包括企业和机关），创建了活力系统模型（Viable System Model，VSM），并将经理或管理者的领导活动作为系统的一部分计入模型中，同时尽量将组织中的管理过程处理成闭环的。比尔还提出了活力规律（the law of viability），他认为一个有活力的系统必须能适应持续变动的环境，必须能保持它的特性、能吸收及利用它自己的经验，必须能学习和继续发展。

依据 VSM 理论，一个 VSM 组织有 3 个部分，见图 4-8：环境部分（不规则形状）、管理部分（矩形子系统 4、5、6，三角形子系统 2、3）和运作部分（圆形子系统 1）。

从功能上可划分为两个层次：子系统 1、2、3 为较低层次，负责组织内部稳定性；子系统 4、5、6 为较高层次，负责组织生存性。三角形管理子系统 2 和三角形子系统 3 构成了自主控制体系，它们之间的协同作用能够保持组织内部的稳定性。管理子系统 4 执行控制职能；子系统 5（观察者）执行

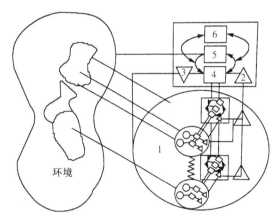

图 4-8　VSM 模型结构图

优化控制职能，并观察外部环境的变化以及制订未来计划和预测未来环境的变化；子系统 6 执行决策的职能，并负责制订组织的整体政策（行动者）。由于吸收和利用环境部分的信息，管理部分具有向环境学习的能力。基于二阶控制论的 VSM 模型就是一种为了使组织更好地适应环境的变化而维持自身发展的模型，它具有两大定性判断的功能——构建和诊断。构建功能是指在构建组织时必须按照 VSM 模型的要求使组织具备 3 个部分和 6 个子系统，诊断功能是指对已有组织作出诊断，判断组织在稳定性及活性方面所欠缺的元素，以便组织在结构及管理方法方面及时作出调整。

4.1.4　信息论

从控制论的视角来看，控制系统中的信息流是系统的一个组成部分，但从信息论的视角来看，信息本身也需要系统性地组织和梳理，经过一定机制加以规范，才能形成灵活流动于系统各个环节、为系统控制者所用的有效信息流。大型航空交通枢纽工程的复杂性和系统性，决定了其信息体量庞大且结构复杂。运用信息论的观点，将大型航空交通枢纽工程的运动过程抽象为信息的获取、传递、加工、处理和输出的过程，通过对信息流的分析和处

理,能够实现对其运动过程规律的深刻认识与精准把控。

1. 信息论的发展

信息论是从通信科学中产生的,近代通信技术的产生和进步为信息论的形成和发展打下了坚实的基础。信息论正是人们在通信领域中对信号特征进行研究而产生的一门新学科(傅祖芸,2011)。对信息论产生影响最大的是 20 世纪 20 年代奈奎斯特(Nyquist)的概括性工作和哈特利(Hartley)的启发性研究。他们最早关注了通信系统传输信息的能力和可靠性。1948 年和 1949 年,香农在《贝尔系统技术杂志》上先后发表了关于信源和信道特性的两篇权威性论文——《通信的数学理论》和《噪声中的通信》,确立了信息研究的数学方法和基本原理,从而奠定了现代信息理论的基础。

与信息论的建立关系密切的另一位科学家是控制论专家——维纳,他从控制和通信的角度研究了信息问题,以自动控制的观点来研究信号被噪声干扰时应该如何处理,从而建立了"维纳的滤波理论"。除此之外,维纳还提出了关于信息的实质问题(认为信息的实质是负熵),以及信息量测量的方法和计算的数学公式。维纳的这些研究成果对于信息论的产生作出了独特的贡献。

虽然香农、维纳等人通过不同的角度来研究信息,却取得了共同的认识:各种信息的本质在于消除通信中的不确定性,信息量就等于所消除的不确定性的数量;通信和控制系统中接收的信息带有某种随机性质,必须用统计平均信息的概念加以定量描述。这些成果的取得具有重大的意义,它使人们可以将信息的传递过程抽象概括为某种数学模型,对信息进行定量的研究,从而使通信科学由定性研究阶段进入定量研究阶段,信息论从此成为了一门独立的学科。

2. 信息方法与技术

信息方法是运用信息论的观点,把系统的过程抽象为信息的获取、传递、加工、处理和输出过程,通过对信息流程分析和处理,实现复杂系统的目的性运动和对系统运动过程规律性的认识。信息方法主要工作步骤可以通过一个示意图形象地表示出来,见图 4-9。

为了实现信息的获取、传送、处理和存储等操作,需要使用一定的工具设备和方法技术,其中前者是硬技术,后者是软技术,统称为信息技术。信息技术是信息科学运用到实际时的条件和保障,也可以说是信息科学原理物化的成果,现在主要有四类信息技术。

1)信息获取技术

信息获取技术就是借助物质手段,扩大信息获取的范围、数量、精度等的技术。例如,古代发明的秤、量尺、指南针、地动仪等,近代发明的望远镜、显微镜、听诊器等

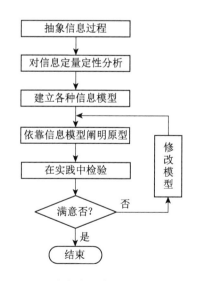

图 4-9 信息方法主要的工作步骤

仪器,都属于获取信息的硬技术;而人们依靠阅读、打探等了解周围环境的情况,中医通过望、闻、问、切的方法来获知患者的病情等,则是获取信息的软技术。到了现代社会,为适应现代化生产和生活的需要,人们创造了各种类型的、更为精确、更有效率的信息感测和显示技术,如传感器技术,它能够灵敏地接收和显示人体器官不能直接感受到的信号。与此同时,各种信息融合的软技术也愈加丰富。

2）信息传输技术

信息传输技术就是狭义上的通信技术,用人体之外的物质手段进行通信的技术。例如,烽火通信就是古人发明的光通信技术。现代通信技术是信息的发送技术、编码技术、抗噪声技术、信道技术、译码技术等的总称,包含的技术种类和方法非常之多。目前引人注目的是纳米通信技术,通过直径只有 10^{-9} m 的纳米材料进行信号的传递,通信容量极大且不受环境的干扰,还具有多种优良性能,可挖掘的空间十分广阔。

3）信息处理技术

对原始信息进行加工,去粗取精、去伪存真,过滤得到能反映事物本质特征且便于利用的那些信息的过程,叫作信息处理过程。其中用于加工信息的工具设备、所采用的方法技术等,就是信息处理技术。现代的信息处理技术主要借助于电子计算机,不仅包括信息的识别、筛选、分类、变换、整理等程序化的内容,还涉及抽象、证明、分析、演绎、综合等更高层次的信息处理形式。

4）信息存储技术

信息存储技术就是把暂时不用或需要反复使用的信息存储起来,以备不时之需。现代信息存储技术主要有:信息记载技术,如录音、录像等;信息载体的缩微技术,如光盘、电脑芯片等;数据库技术,如建立通用的综合数据仓库,统一收集并保存各种数据资料,以供不同用户共享的技术等。这些信息存储技术的实现,同样需要大量地运用到电子计算机。

3. 信息论的应用

1）信息分析与预测

信息分析与预测是对已知信息的内容进行整序和科学抽象的一种信息深加工活动,目的是获取增值的、具有决策支持作用的信息分析与预测产品,以便能够更好地开发和利用信息资源(查先进,2000)。具体来说,信息分析与预测的过程大致包括:针对特定的信息需求,制订专门的研究课题;然后以各种调查方式(如文献调查、社会调查、网络调查)广泛地收集相关信息,经过定量化或半定量化的加工整理、分析研究及价值评价等,使已知信息的内容得以系统化、有序化,从而揭示客观事物的运动规律;在此基础上,运用科学的理论、方法和技术手段,对客观事物的未知或未来发展状况做出合理的预测;最后将分析与预测的信息产品推送给信息需求端,以满足实际问题的需要。

2）信息与管理

信息与管理有着密不可分的关系,管理的全过程就是信息处理与流动的过程,没有信息就无法进行管理。管理信息是从管理中产生并为管理服务的一种信息类型。对于一个具体的管理机构来说,管理信息就是对经过处理的、有用的数据和资料的总称,如生产计划图纸、相关工艺设计、各种定量标准、领导决策指令等等,这些信息的流通是管理过程的客观反映。

进行有效的管理,需要对管理信息本身提出一定的要求,一般有准确性、及时性、适用性和经济性。首先信息必须准确无误,才能对系统运行作出正确的指导和决策;及时性包括信息的及时记录与快速传递,以充分实现其应有价值;适用性是指信息要有针对性,详简适度,不同特性的信息适用于不同的管理阶层;在满足准确、及时、适用的前提下,还应尽可能地减少信息获取、处理和传输的开支,这就是经济性的要求。

4.2 大型航空交通枢纽工程综合管控理论框架

大型航空交通枢纽工程是一个复杂的系统,其建设和管理工作涉及多个领域和层次。在传统的工程建设和管理中,还原论和整体论是两种常用的方法论。然而,对于复杂的大型航空交通枢纽工程,简单的还原论和整体论往往无法满足实际需求。因此,本书提出利用复杂性理论、系统论、控制论和信息论等基本理论来实现还原论与整体论的辩证统一,以提供更有效的方法论指导。

1. 复杂系统特性

还原论和整体论的简单加和无法解决的问题,通常表现为复杂系统,而复杂系统的特性包括以下几点。

(1)多层次性:大型航空交通枢纽工程不仅包括机场主体工程,还涉及其他民航配套工程、交通配套工程及市政配套工程。每个层次都有其自身的特性和功能,同时各层次之间又存在相互影响和相互作用,这种相互作用可能增强或抵消,表现出一种多层次性的复杂特性。

(2)非线性:在大型航空交通枢纽工程中,各层次之间的相互作用并非简单的线性关系。例如,增加一个航班的数量可能并不会导致机场容量的线性增加,而是可能因为各种因素如机场运营策略等呈现出复杂的非线性关系。

(3)开放性:大型航空交通枢纽工程需要与外界进行物质、能量和信息的交换。例如,机场需要与外部的航空公司、旅客、货物等有实时的信息交换,同时还需要从外部获取能源和物资等。这种与外界的交互使得机场具有开放性,而这种开放性也增加了系统的复杂性。

(4)演化性:大型航空交通枢纽工程的建设和管理是一个动态的过程。随着时间的推移,机场的规模和功能可能会发生改变。例如,可能会建设新的航站楼、开通新航线,或者机场的运营策略可能会发生变化。这些随时间的变化使得机场具有演化的特性,这也增加了系统的复杂性。

2. 综合管控的必要性

综合管控可用于解决还原论和整体论简单加和无法解决的问题,它强调对大型航空交通枢纽工程的各个方面进行综合协调和控制,以实现整体最优。具体而言,综合管控的必要性体现在以下三点。

(1) 提高工程建设和管理的效率:通过综合协调各方的资源和行动,可以减少不必要的浪费和重复劳动,提高工作效率。

(2) 增强系统的整体性能:综合管控不仅关注各个组成部分的性能,更关注整体性能的优化。通过协调各部分之间的关系,可以获得更好的整体性能。

(3) 适应复杂系统的特性:综合管控能够适应复杂系统的多层次性、非线性、开放性和演化性等特性,从而更好地应对复杂情况。

3. 大型航空交通枢纽工程综合管控理论框架

大型航空交通枢纽工程综合管控理论框架即是利用上述基本理论——复杂性理论、系统论、控制论及信息论,实现还原论和整体论的辩证统一。大型航空交通枢纽工程综合集成管控理论框架见图 4-10。

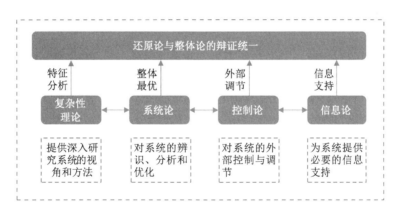

图 4-10　大型航空交通枢纽工程综合管控理论框架

复杂性理论是研究复杂系统特性的科学,它强调对系统中各个组成部分之间相互作用和关系的深入研究。在大型航空交通枢纽工程中,利用复杂性理论可以深入分析各个层次和组成部分的特性及其之间的相互作用,揭示出系统的复杂性和非线性特性。这为制定综合管控策略提供了重要的理论支持。

系统论是研究系统特性和行为的科学,它为大型航空交通枢纽工程的综合管控提供了重要的理论支持。利用系统论可以对大型航空交通枢纽工程进行整体性的研究和设计,关注各个组成部分之间的相互作用和关系,并从整体最优的角度出发进行综合管控。

控制论是研究如何通过外部作用对系统进行控制和调节的科学,它为大型航空交通枢纽工程的综合管控提供了重要的方法论。利用控制论可以对大型航空交通枢纽工程的各个组成部分进行控制和调节,使其达到最优的运行状态,同时保证整个系统的稳定性和可靠性。

信息论是研究信息的本质和传输规律的科学,它为大型航空交通枢纽工程的综合管控提供了新的思路和方法。利用信息论可以对大型航空交通枢纽工程中的各种信息进行采集、传输和处理,实现信息的实时监测和共享,为综合管控提供准确、及时的信息支持。

利用复杂性理论、系统论、控制论和信息论等基本理论实现还原论与整体论的辩证统一,可以为大型航空交通枢纽工程的综合管控提供更加科学、有效的方法论支持。通过对系统的深入研究和理解,可以更好地掌握系统的复杂性和非线性特性,为实现整体最优的目标提供重要的理论支撑和实践指导,这对于提高大型航空交通枢纽工程的建设和管理水平具有重要意义。

4.3　大型航空交通枢纽工程综合管控方法与原则

4.3.1　大型航空交通枢纽工程综合管控方法

大型航空交通枢纽工程应围绕目标耦合、组织耦合、任务耦合、信息耦合等方面进行综合管控,并以组织级项目管理成熟度为手段持续提升综合效益。

1. 目标耦合

大型航空交通枢纽工程综合管控是以目标为导向的。要取得项目的成功,必须有明确的项目目标。清晰的、可实现的项目目标是各参与主体共同努力的方向。但往往由于项目资源和利益导向不同,各投资主体的目标之间难以达成统一。在一个冲突的系统中,相关各方没有一致的目标,各方矛盾的行为共同影响构成的系统;而在一个合作的系统中,相关各方则为一个共同目标所驱使,产生主动积极的行为。目标耦合解决的主要问题就是把一个冲突的系统转化为合作的系统。

在大型航空交通枢纽工程中,目标耦合需要考虑多个方面。首先,要明确整体目标和子目标,并确保每个子目标与整体目标相一致。这需要在进行工程项目规划时,对整体需求和子需求进行全面分析和评估,确保每个子目标的实现都能够为整体目标的实现作出贡献。其次,目标耦合需要协调不同子目标之间的矛盾和冲突。在大型航空交通枢纽工程中,不同子目标的实现往往存在相互制约和影响的情况,有时需要在不同子目标中作出权衡和抉择,这时就应进行全面的综合分析,寻找最优的解决方案,实现不同子目标之间的协调和平衡。最后,目标耦合还需要考虑工程项目与外部环境的协调。大型航空交通枢纽工程往往涉及多个利益相关者,包括政府、投资主体、建设单位、施工单位、设计单位、咨询单位等。这些利益相关者对工程项目的要求和期望各不相同,有时甚至存在矛盾和冲突。因此,需要在工程项目实施前进行充分的沟通和协商,协调各方面的利益关系,确保工程项目与外部环境的和谐与稳定。

2. 组织耦合

大型航空交通枢纽工程需要多个组织和单位共同合作完成,与项目直接相关的组织与单位包括：治理层级的政府部门、行业监管部门，管理层级的运营单位、建设单位，以及实施层级的勘察设计单位、监理单位、施工总承包单位、施工分包单位、材料(设备)供应单位、咨询单位等；与项目间接相关的组织与单位包括红线内其他交通方式的建设单位、红线外其他交通方式的建设单位、市政配套设施的建设单位等。这些不同类型的组织彼此之间相互作用，共同影响项目进展。组织耦合即整合"治理—管理—实施"三层级的力量，打破组织边界，实现各参与主体的协同共治。其中，治理层级应发挥行业管理单位、地方政府及集团公司协同共治作用，强化战略引领、统筹协调；管理层级应贯彻落实治理层级组织提出的目标要求，跟踪、反馈及纠正工程项目实施情况；实施层级应融合外部专业团队力量，高效执行机场建设与运营工作任务。

3. 任务耦合

大型航空交通枢纽工程由机场、高铁、地铁、高速公路、配套服务设施等各项工程共同组成，各项工程通常在建筑上相连，功能上形成一体。为了保障投资节约、质量最优、进度协调、衔接顺畅，集约化的项目群管理模式在大型航空综合交通枢纽工程的建设中广泛应用，通常包括：建设一体化、设计一体化、施工管理一体化、运营一体化等。建设一体化，即采用工程代建或委托建设的模式，对大型航空交通枢纽中的交叉工程实行专业化、规范化、一体化的建设管理。设计一体化，即依法确定一家具有资质的设计研究机构，由其牵头组织协调沟通各个专业，实行总体设计、分项负责。设计中应集约布局各类场站设施，突出一体化衔接，有效承载多种服务功能，实现枢纽的便捷换乘、经济适用、规模适当。施工管理一体化，即施工现场管理的集中指挥、同步建设，统筹综合交通枢纽各种建设项目的开工时序、建设进度和交付时间，使各类设施同步运行，各类功能同步实现。由于大型航空交通枢纽建设任务复杂，部分调研机场采用施工总承包或施工管理总承包等模式，以实现对施工现场的高效管理。运营一体化，即运营阶段的多种交通方式一体化管理。大型航空交通枢纽需要充分贯彻人本理念，以旅客需求为导向，以信息技术为抓手，实现航空、高铁、地铁、驻场单位、联检单位、安保等信息互联互通，打破"信息孤岛"，形成长期性、动态化、全面化的协同关系，建立顺畅衔接、运力匹配和时刻对接的运营关系。

此外，为提高项目整体效率和质量，保证工程建设目标的顺利实现，降低后期运营风险，实现工程建设的可持续发展，应确保建设和运营的顺利过渡。因此，需要通过任务耦合实现大型航空交通枢纽工程项目群管理中的各项任务的综合集成管控以及建设与运营一体化。通过调研工作可知，各机场在管理理念层面都充分认识到建设运营一体化的重要性和必要性，通过处理好不同阶段间的关系，协调好各方主体需求，实现机场工程全生命周期的综合效益最大。然而，建设与运营的割裂问题长期存在，部分机场建设管理机构通过人才流动机制、沟通协调机制、数智技术应用等方式不断探索和实践建设运营一体化。

4. 信息耦合

大型航空交通枢纽工程项目管理的成功高度依赖于其信息的沟通与交流。在其管理过程中，信息的载体包罗万象，包括：施工图纸、监控照片、报表、来往信函、合同文件、质量表格、进度计划等。这些载体涵盖了项目的各个方面,为项目管理提供了全面的信息基础。在其项目运行过程中,信息流转时也涉及许多项目参与方:业主、设计方、咨询方、施工承包商、专业分包商、材料供应商、设备制造商、运营方、项目其他参与方等。这些参与方在项目的不同阶段扮演着不同的角色,因此信息耦合需要考虑到各方的需求和职责。在整个项目生命周期中产生的信息数量是巨大的。工程建设项目管理的工作对象是项目实施过程中产生的各种信息,需要规范各参与方信息交流方式,依托项目管理平台及其他先进技术,对有关信息进行采集、分析、处理。由于涉及的参与方众多,信息交流的规范性对于提高项目管理效率和质量至关重要。有效的信息耦合需要建立统一的信息交流平台和标准化的交流方式,明确各方的职责和权限,确保信息的准确传递和共享。依托项目管理平台和其他先进技术对信息进行采集、分析、处理和存储是实现信息耦合的关键。这些技术包括项目管理软件、数据库管理工具、数据分析软件等,可以帮助项目管理团队更好地管理和利用信息,提高决策效率和项目质量。

5. 组织级项目管理成熟度

大型航空交通枢纽工程项目存在多个子项目,各子项目并行展开且相互联系、相互影响,其复杂性和不确定性远超过单体项目,因此需要从项目、项目群管理层面对大型航空交通枢纽工程项目进行统筹协调管理。组织级项目管理成熟度考虑了我国国情和文化、大型航空交通枢纽工程特点、工程项目实际情况等特征,为组织提供了一个测量、比较、改进项目管理能力的方法和工具,通过评估组织管理单个项目和组合项目的能力,帮助组织实现战略目标。

在大型航空交通枢纽工程中,组织级项目管理成熟度模型,如美国项目管理协会(PMI)的 OPM3 模型被广泛使用,它涵盖了多个方面,包括战略规划、项目集管理、项目管理、组织运行潜能实践等。该模型通过评估组织在项目管理过程中的成熟度,识别其当前等级并确定其未来的改进方向。在组织级项目管理成熟度模型中,通常将项目管理过程从混乱到规范再到优化的进化过程分成有序的五个等级,每个等级代表了组织在项目管理方面的不同成熟度水平,并且作为达到更高等级的基础。组织项目管理成熟度不断提升的过程也就是其项目管理水平逐步提高的过程。借助组织级项目管理成熟度模型,可以找出项目管理中存在的缺陷并识别出项目管理的薄弱环节。同时,通过解决对项目管理水平改进至关重要的几个问题,组织可以形成对项目管理的改进策略,从而稳步改善组织的项目管理水平,使组织的项目管理能力持续提高。

4.3.2 大型航空交通枢纽工程综合管控原则

1. 坚持目标导向,价值引领

立足当前,着眼长远。以满足人民群众对高品质航空出行需求为出发点和落脚点,注重功能提升,坚持优质发展、以质取胜,发挥大型航空交通枢纽在国家发展中的政治价值、经济价值、社会价值、文化价值和生态价值。

2. 坚持上下协同,内外联动

大型航空交通枢纽工程建设坚持以政府、行业部门为主导、建设单位为核心,参建单位为基础,实现治理层、管理层与实施层的上下联动;发挥机场建设在大型航空交通枢纽工程项目群管理中的"群主"作用,实现多种交通方式的内外联动。

3. 坚持统筹推进,集成管控

建立全生命周期规划、全主体参与和全方位管控"三位一体"的管理模式。通过各项项目管理活动间的有机配合与有效协调,确保大型航空交通枢纽工程建设过程中局部与整体的协调顺畅和效益最优。

4. 坚持创新驱动,与时俱进

着力加强大型航空交通枢纽工程建设的理念创新、管理创新、技术创新,广泛应用新兴数智技术,搭建数字化管理平台,提高管理效能、降低管理成本,为打造品质工程注入新动力。

4.4　大型航空交通枢纽工程综合管控技术框架

在实践层面,大型航空交通枢纽工程存在集成管理失效及治理失效的问题。以上海虹桥综合交通枢纽为例(刘武君,2023),虽然规划时意图集成磁浮,但实际上,尽管磁浮车站已经落成,磁浮线路的建立却未能成功实现,转而采取地铁对接的方式。一方面说明了即使有集成的设想,但不一定能通过管理实现集成,即管理失效;另一方面,上海市政府虽然已经批准并认可了规划,但集成仍未得以实现,即治理失效。因此,大型航空交通枢纽工程迫切需要综合管控技术来解决这一问题。

目标耦合、组织耦合、任务耦合、信息耦合是大型航空交通枢纽工程综合集成管控的四个方面,但并非四个孤立的问题,四者之间存在互相影响、互相促进的辩证关系。只有实现各个层面和方面的综合集成,遵循"系统之系统"的中心思想,才能真正实现集成管控中"整体大于部分之和"的综合效益。基于多维耦合的大型航空交通枢纽工程综合管控技术框架见图 4-11。

从单一系统来看,目标耦合即项目基础目标(质量、成本、进度、安全)与价值目标(政治价值、经济价值、社会价值、文化价值、生态价值)的协调统一。项目全生命期的不同阶段目标的重要程度可能是不一样的,所以多目标集成是一项动态的、贯穿项目全生命期的工作。组织耦合即融合中国情境下重大工程治理的优越性与项目总控的高效性,通过"指挥部 + 综合集成管控"的二阶控制模式、"行政—合同—关系"的三元协同治理体系、"综合管控协同体"的内外部联动机制,打破组织界面,实现各参与主体的协同共治,为项目管理提供组织基础和保障;任务耦合即通过结构化任务分解技术、集成并行工程技术、关键任务及风险评估技术,打破任务活动界面,对各项任务进行分解,厘清任务间逻辑关系,并对关键任务进行跟踪管控;信息耦合作为项目管理的信息底座,即通过基于 BIM 的建筑产品全生命周

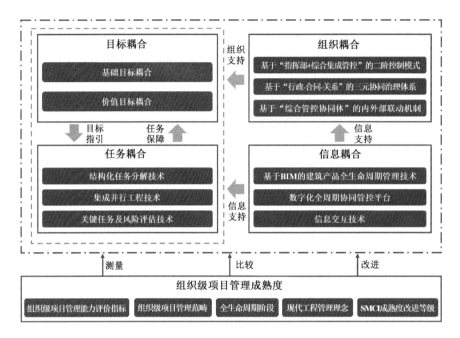

图 4-11　基于多维耦合的大型航空交通枢纽工程综合管控技术框架

期管理技术、数字化全周期协同管控平台、信息交互技术，发挥信息流引导物质流的作用，打破信息孤岛，为项目管理提供沟通交流的协同作业平台。组织级项目管理成熟度即从组织级项目管理能力评价指标体系出发，结合组织级项目管理范畴、全生命周期阶段、现代工程管理理念、成熟度改进等级等维度，对组织的项目管理能力进行测量、评价并指明改进方向。

　　从顶层系统来看，四个耦合之间互相影响，并与组织级项目管理成熟度紧密相连。首先，组织是目标能否实现的决定性因素。项目管理的核心任务是目标控制，而目标定义的相关主体、目标控制与任务分工等问题均为组织问题，因此组织耦合为目标耦合提供关键组织支持。其次，目标耦合为任务耦合提供目标指引，任务耦合是目标价值能否实现的根本保障。任务耦合的前提条件是目标一致，只有在目标统一的前提下，各项任务才可以化解矛盾冲突，从而根据具体目标高效推进。最后，信息耦合是任务耦合和组织耦合的沟通协作基础。任务耦合就是在完成信息耦合的基础上，进行任务之间的协调，消除过程中各种冗余和非增值的子过程（活动），以及由人为因素和资源问题等造成的影响过程效率的一切障碍，使项目管理过程总体达到最优。组织级项目管理成熟度则为目标耦合、组织耦合、任务耦合、信息耦合等提供一个测量、比较、改进的方法和工具。

　　由于大型航空交通枢纽工程综合集成管控具有高度复杂性，因此只有实现了上述"系统之系统"的综合集成，围绕目标耦合、组织耦合、任务耦合、信息耦合进行统筹协调，依据组织级项目管理成熟度进行持续改进，才能充分发挥所有相关资源的作用，达到各方共赢，创造长远价值。

第 5 章

大型航空交通枢纽工程
要素与界面分析

为了清晰梳理大型航空交通枢纽工程的内在逻辑结构,引入POP模型对其主要要素进行分析。该模型最早由斯坦福大学于2004年提出,包括产品模型（Product）、组织模型（Organization）、过程模型（Process）。其中,产品模型关注组织按照一系列流程完成的项目成果,该成果既可以是最后的项目交付成果,也可以是项目建设过程中的中间成果;组织模型关注项目建设过程中所涉及的个人或单位;过程模型关注组织为完成项目或产品而产生的一系列流程或程序。此外,大型航空交通枢纽工程普遍需要政府层面制定政策并整合公共部门及私人投资组织的资源,因此制度环境要素及其对保证工程可持续性起到的关键作用,也应被纳入考虑范围。

5.1 大型航空交通枢纽工程项目要素

大型航空交通枢纽工程是由机场、航油、空管等民航系统工程,水、电、气、通信、道路等外围市政工程,以及轨道工程、公路工程等其他交通运输工程组成的超大型项目群。根据民航局与住房和城乡建设部联合发布的《关于进一步明确民航建设工程招投标管理和质量监督工作职责分工的通知》（民航发〔2011〕34号）文件的规定,可将大型航空交通枢纽工程项目要素划分为民航专业工程和非民航专业工程两类,见图5-1。

大型航空交通枢纽工程
- 民航专业工程
  - 机场场道工程
  - 民航空管工程
  - 机场目视助航工程
  - 航站楼、货运站的工艺流程及民航专业弱电系统工程
  - 航空供油工程
- 非民航专业工程
  - 航站楼、机务维修设施、货运系统、油库、航空食品厂等土建工程
  - 水、暖、电气(不含民航专业弱电系统)等设备安装工程
  - 河湖水系、地下管线、架空线杆、园林绿化等外围市政工程
  - 高速铁路工程
  - 城市轨道工程
  - 公路等其他交通运输工程

图 5-1 大型航空交通枢纽工程项目要素

1. 民航专业工程

（1）机场场道工程包括：①飞行区土石方（不含填海工程）、地基处理、基础、道面工程，②飞行区排水、桥梁、涵隧、消防管网、管沟（廊）工程，③飞行区服务车道、巡场路、围界（含监控系统）工程。

（2）民航空管工程包括：①区域管制中心、终端（进近）管制中心和塔台建设工程，②通信（包括地空通信）工程、导航（包括地基导航和星基导航）工程、监视（包括雷达和自动相关监视系统）工程，③航空气象（包括观测系统、卫星云图接收系统等）工程，④航行情报工程。

（3）机场目视助航工程包括：①机场助航灯光及其监控系统工程，②飞行区标记牌和标志工程，③助航灯光变电站和飞行区供电工程，④泊位引导系统及目视助航辅助设施工程。

（4）航站楼、货运站的工艺流程及民航专业弱电系统工程包括：①航站楼工艺流程，②货运库工艺流程，③民航专业弱电系统，由信息集成系统、航班信息显示系统、离港控制系统、泊位引导系统、安检信息管理系统、标识引导系统、行李处理系统、安全检查系统、值机引导系统、登机门显示系统、旅客问讯系统、网络交换系统、公共广播系统、安全防范系统、主时钟系统、内部通信系统、呼叫中心（含电话自动问讯系统），以及飞行区内各类专业弱电系统组成。

（5）航空供油工程包括：①航空加油站、机坪输油管线系统工程，②机场油库、中转油库工程（不含土建工程），③场外输油管线工程、卸油站工程（不含码头水工工程和铁路专用线工程），④飞行区内地面设备加油站工程。

2. 非民航专业工程

民航建设工程中，航站楼、机务维修设施、货运系统、油库、航空食品厂等工程的土建和水、暖、电气（不含民航专业弱电系统）等设备安装工程属于非民航专业工程。同时，枢纽范围内的外围市政工程，以及高速铁路、城市轨道、城际铁路和高速公路、城市道路等其他交通工程都是非民航专业工程。

5.2 大型航空交通枢纽工程组织要素

由于大型航空交通枢纽工程复杂性极强，需要多个组织和单位共同合作，其中行政组织包括中央政府、地方政府、民航局、各国家部委、军方等，参建组织包括机场集团公司、建设管理单位、运筹管理单位、施工总承包单位、施工分包单位、监理单位、材料（设备）供应单位、勘察设计单位等，协调组织包括金融组织、环保组织、专业协会、咨询机构、评估机构等。这些不同类型的组织彼此之间相互作用，共同影响项目进展。系统论强调"层次性是复杂系统的基本属性"，因此可按照所承担任务和执行功能的不同，对大型航空交通枢纽工程的组织系统进行结构层次划分，包括治理层级、管理层级和实施层级。

其中治理层级组织系统是组织系统中的顶层架构,由项目资源所有者组成,发挥力量整合、资源调配、综合指挥、统一管理、整体决策的作用;管理层组织系统是中间层,由项目法人的管理层组成,发挥承上启下的作用,对上贯彻执行治理层级组织系统制订的目标和政策,汇报工作进展,对下监督协调实施层级组织系统的工作;实施层级组织系统是底层架构,由实际执行工作任务的单位或部门组成,负责按照管理层级组织系统的安排,组织、指挥、管理甚至从事具体的活动(孙继德,2021)。图 5-2 所示为"治理—管理—实施"三层级组织系统。表 5-1 所示为国内典型大型航空交通枢纽工程各层级组织系统及其要素。

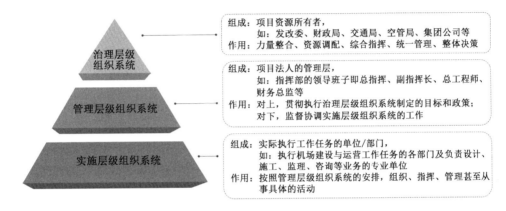

图 5-2 "治理—管理—实施"三层级组织系统

表 5-1 国内典型大型航空交通枢纽工程各层级组织系统及其要素

组织系统	北京大兴国际机场工程	上海虹桥综合交通枢纽工程	广州白云国际机场三期扩建工程
治理层级	北京新机场建设领导小组,民航北京新机场建设与运营筹备领导小组,北京大兴国际机场投运总指挥部,大兴机场工作委员会	上海虹桥综合交通枢纽部市领导小组,上海虹桥综合交通枢纽工程建设指挥部,上海机场(集团)有限公司	广州白云国际机场三期扩建工程建设指挥,广州白云国际机场三期扩建工程及其征拆安置建设指挥部(广州),广东省机场管理集团有限公司机场建设总指挥部,广东省机场管理集团有限公司工程建设指挥部
管理层级	北京新机场建设指挥部,首都机场集团公司北京新机场管理中心	上海虹桥综合交通枢纽工程建设指挥部办公室(申虹公司),上海机场建设指挥部	白云机场三期扩建工程建设指挥部,广州白云国际机场股份有限公司三期扩建工程规划建设对接领导小组
实施层级	管理层级下设各部门,设计、施工、运营等的承包商及其他专业机构	管理层级下设各部门,设计、施工、运营等的承包商及其他专业机构	管理层级下设各部门,设计、施工、运营等的承包商及其他专业机构

5.2.1 治理层级

治理层级包括中央政府、地方政府、民航局、军方、机场集团公司等负责牵头统筹协调机场工作的组织,即治理层级组织系统主要由项目资源所有者构成(孙继德,2021)。

在工程建设总体方案等重大事项上,治理层级组织系统承担着总体指挥、协调和决策的关键角色。作为工程建设重要推动力量,该层级组织系统通过其治理工作实现对项目的综合指挥和统一管理。治理层级组织系统站在项目全局、组织整体的立场上,对组织负有全面责任,通过其治理工作实现对整个项目的综合指挥和统一管理。治理层级组织系统的主要任务是制订组织的总目标、总战略,掌握组织的大政方针,作出战略性决策,明确发展目标、制订合理配置资源方案以及决策的实施方案等。

以北京大兴国际机场工程为例,该工程建立了纵向领导有力、横向协调顺畅、整体覆盖全面的治理层级组织体系,以推动相关工作高效开展。国家层面,由国家发展和改革委员会牵头成立了北京新机场建设领导小组,重点协调解决工程建设中跨部门、跨行业、跨地域的重点难点问题。行业层面,民航局成立了民航北京新机场建设及运营筹备领导小组,以总进度综合管控计划为牵引,研究讨论有关建设重点事项,列出问题清单并对纳入清单的事项进行督办。机场管理单位层面,由首都机场集团有限公司成立投运总指挥部,组织各参建单位抓紧落实相关工作,确保综合管控计划发挥出"牛鼻子"的作用;成立新机场工作委员会(北京大兴国际机场工作委员会),统筹协调首都机场集团公司、新机场建设指挥部、管理中心、专业公司存在的建设与运筹问题。北京大兴国际机场工程综合国家、地方、行业等多方力量,充分发挥治理层级组织系统统筹协调的关键作用,有计划、有步骤、有依据地推进北京大兴国际机场项目管理工作。

表5-2所示为部分机场工程治理层级组织系统。

表5-2 部分机场工程治理层级组织系统

机场工程	治理层组织机构
北京大兴国际机场工程	民航北京新机场建设领导小组(国家层面)
	民航北京新机场建设与运营筹备领导小组(民航局层面)
	北京大兴国际机场投运总指挥部(首都机场集团有限公司层面)
	大兴机场工作委员会(首都机场集团有限公司层面)
广州白云国际机场三期扩建工程	广东省重大工程建设项目总指挥部(广东省层面)
	广州白云国际机场三期扩建工程及其征拆安置建设指挥部(广州市层面)
	广东省机场管理集团有限公司机场建设总指挥部(广东省机场管理集团有限公司层面)
	广东省机场管理集团有限公司工程建设指挥部
哈尔滨太平国际机场二期改扩建工程	哈尔滨太平国际机场扩建工程领导小组(黑龙江省层面)
哈尔滨太平国际机场二期改扩建工程	哈尔滨太平国际机场二期扩建工程建设总指挥部(黑龙江省层面)
天津滨海国际机场三期改扩建工程	天津滨海国际机场三期改扩建领导小组(天津市层面)

5.2.2　管理层级

管理层级包括建设管理组织和运营管理组织的领导班子,即管理层级组织系统是由项目法人的管理层构成(孙继德,2021)。

管理层级组织系统负责制订旨在实现机场建设或运营目标的次一级管理目标。该层级组织系统需协调多个工作部门的进展,对机场主体建设工程的进度起主要控制作用。管理层级组织系统主要任务是贯彻执行治理层级组织系统制订的目标和政策,使治理层级组织系统做出的决策、确定的战略和目标付诸实践。具体而言,管理层级组织系统负责制订次一级管理目标,以辅助组织目标的实现。管理层级组织系统通过其管理活动对次一级管理目标实施情况的跟踪、反馈及纠正,协调其下属单位或部门的资源分配。此外,管理层级组织系统就其管理活动向治理层级组织系统汇报,同时监督协调实施层级组织系统的工作。

1. 组织属性

目前,机场建设管理机构以指挥部等临时性机构为主,部分机场为建设公司等永久性机构。例如,上海机场建设指挥部、湖南机场建设指挥部、胶东机场建设指挥部等均采用指挥部模式。部分采用项目管理公司形式,如厦门新机场由福建兆翔机场建设有限公司负责建设管理,便于公司化的经营管理;济南遥墙机场由济南机场建设有限公司负责建设管理,便于济南市和山东省机场集团进行资金监管;鄂州花湖机场由湖北国际物流机场有限公司负责建设管理,便于鄂州花湖机场的投建运一体化。

2. 组织结构

组织结构作为一种相对静态的组织关系,反映一个组织系统中各子系统之间或各元素(各工作部门或各管理人员)之间的指令层级,常用的组织结构模式包括职能型组织结构、直线型组织结构和矩阵型组织结构等。

现有机场建设管理机构以传统的直线型组织结构为主,部分机场进行了矩阵型组织结构的探索。在调研的机场中,17 个机场建设管理机构采用直线职能式组织结构,包括重庆、武汉、北京大兴、海口、成都天府、青岛胶东、深圳、呼和浩特、广州、长沙、兆翔机场建设公司、定日、昆明、济南、西部机场集团、广东机场集团、山东机场集团。以广州白云机场三期扩建工程指挥部为例(图 5-3),指挥部主要包括基本职能部门,如党群工作部、纪检监察委员会、计划财务部等;支持部门,如前期工作部、法务合约部、招标采购部等;工程部门,如航站区工程部、飞行区工程部、机电工程部等。

传统的直线型组织结构具有集权的特点,横向部门之间联系较差,容易产生脱节和矛盾,人员组织相对松散,沟通效率较低。因此,上海、鄂州、杭州、哈尔滨、天津等机场探索创新矩阵式的组织管理模式,提高跨部门的协作和沟通效率,促进信息和资源的共享。例如,上海机场建设指挥部(图 5-4)采用工程项目制模式,统筹设计管理部、采购合约部、信息设

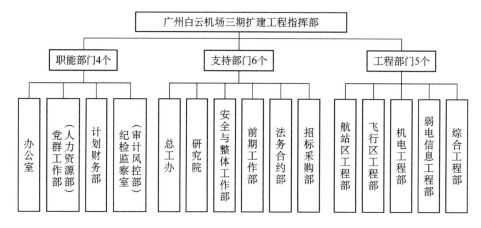

图 5-3　广州白云机场三期扩建工程指挥部组织结构

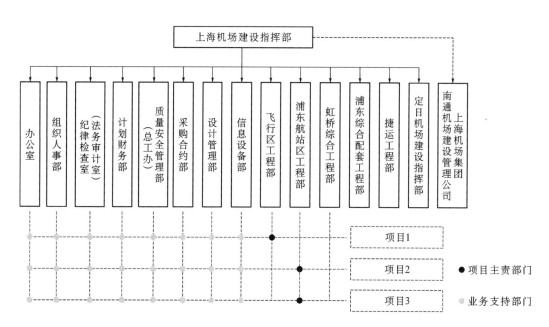

图 5-4　上海机场建设指挥部组织结构

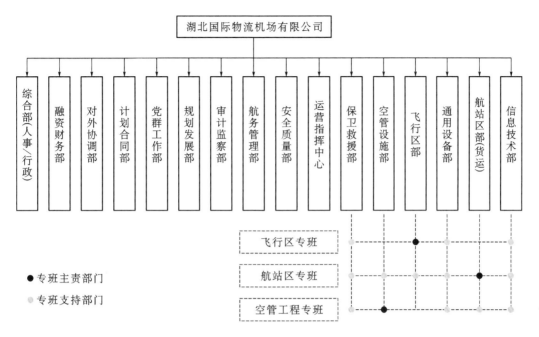

图 5-5　湖北国际物流机场公司组织结构

备部以及各个工程部门,实现"区域管理 + 专业支持";鄂州花湖机场(图 5-5)在业务部门划设的基础上组建了少人机坪专班、飞行区专班、航站区专班、空管工程专班,采用专班与业务部门并行的矩阵式管理模式;杭州机场(图 5-6)采用分标段的项目制,按照各标段进行划分,融合全过程咨询单位、管理总承包单位、BIM 咨询等单位实现融合创新,形成大的"项目组";哈尔滨太平国际机场(图 5-7)根据多期工程并行开展的特征,从工程部门抽调形成一期收尾、二期实施、三期前期等多个项目组,职能部门共同支持。

3. 部门职责

各项目建设管理单位的部门设置和职责总体较为一致,个别机场结合自身建设要求和项目特点进行创新探索。从部门设置上来看,办公室、党群工作部、财务部、招标采购部、总工办、审计监察委员会、安全质量部等 7 个部门是主要职能部门,航站区工程部、飞行区工程部、机电信息工程、配套工程部等 4 个部门是主要工程部门。部分机场进行了个性化的设置,如济南机场和青岛胶东设置了综合交通工程部,负责机场规划范围内综合交通及代建高铁、地铁的施工现场的管控;昆明机场设置了建设运营及土地协调部,负责协调指挥部与各驻场单位对接沟通工作;哈尔滨机场和天津机场设置了综合管控办公室和新技术管控办公室,负责分别从管理和技术层面进行综合管控、统筹协调;广州白云机场设置了研究院,负责课题开展和技术创新工作。调研机场个性化部门设置和职责分工汇总情况见表 5-3。

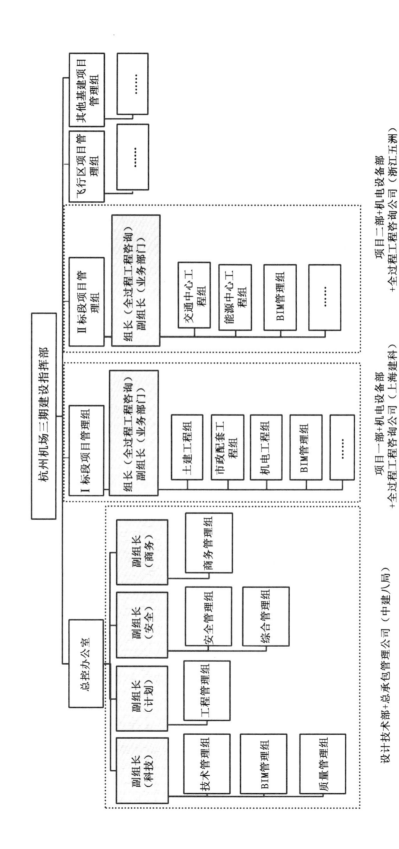

图 5-6 杭州机场三期建设指挥部组织结构

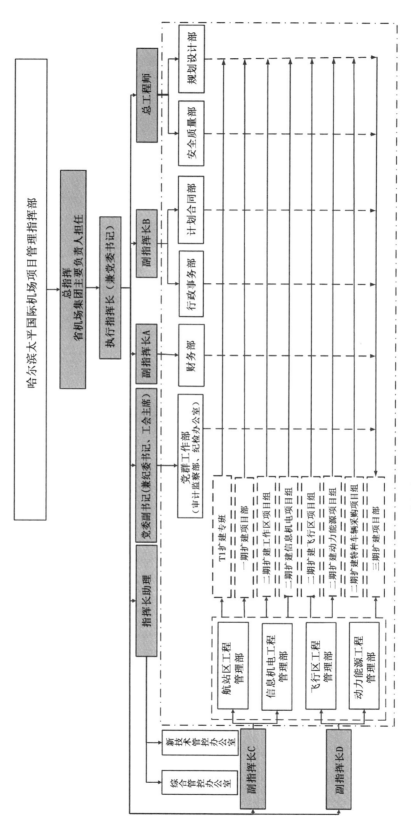

图 5-7　哈尔滨太平国际机场项目管理指挥部组织结构

表 5-3 部分机场个性化部门设置情况统计

机场工程名称	部门名称	部门职责
天津滨海 国际机场工程	综合管控办公室 新技术管控办公室	负责规划、设计、建设与运营全生命周期的跨界面协调与集成管控工作
哈尔滨太平 国际机场工程		借助社会专业力量,牵头建设过程智慧化,负责工程项目新技术的推广应用与成果总结
广州白云 国际机场工程	前期工作部	负责指挥部建设项目前期工作,提起立项、报批、总体规划、征地拆迁、空域协调等工作
昆明长水 国际机场工程	建设运营及 土地协调部	负责协调指挥部与各驻场外部单位对接沟通工作,以及机场用地相关的问题,以及与相关部门的对接工作
上海浦东 国际机场工程	捷运工程部	负责浦东三期卫星厅建设陆侧捷运
济南遥墙 国际机场工程	综合交通工程部	负责机场规划范围内综合交通(含 GTC)及代建高铁、地铁的施工现场的管控,承担进度控制、质量管理、安全文明管理、计划信息管理及内外沟通协调工作;负责现场施工单位、监理单位、第三方检测监测等单位的管理;负责组织施工方案审核、现场监督检查、过程验收、综合考评工作
青岛胶东 国际机场工程		
鄂州花湖 机场工程	航务管理部	负责机场空域规划及飞行程序(传统和 PBN)编制管理工作、机场运行标准的制订及维护管理工作、机场使用细则及航行资料编制、机场净空管理工作、军民航空域协调工作、机场电磁环境管理工作、机场试飞相关工作等
昆明长水 国际机场工程		
青岛胶东 国际机场工程	场区管理部	负责指挥部办公区域和施工区域的安全护卫等管理工作
鄂州花湖 机场工程	保卫部	负责制订机场运营期航空安保、航空安全检查、消防安全和应急救援管理等方面工作
北京大兴 国际机场工程		
广州白云 国际机场工程	研究院	负责指挥部各项建设工程中重大技术课题研究,负责组织开展指挥部建成工程项目总结,负责相关技术创新政策的研究争取政策扶持

此外,部分机场建设项目管理机构的部门职责保持动态灵活调整,以实现人员的高效利用。项目管理机构根据工程推进,将组织机构、部分职能进行适当的划分或合并,总体实现了资源投入与工程阶段性需求的最优匹配。例如,北京大兴国际机场建设指挥部在项目前期由职能部门和规划设计部主导,建设中职能部门和各工程部承担主要建设任务,建设后期工程部门逐渐合并;厦门机场在项目前期由总工办和职能部门进行建设对内对外协调,建设中总工办负责规划设计推进的骨干可通过竞聘上岗的方式到各工程部门负责工程建设的主体工作,做到部门和人员的灵活流动。

5.2.3　实施层级

实施层级组织系统由实际执行工作任务的单位或部门组成(孙继德,2021),主要包括实际执行机场建设与运营工作任务的各部门和负责设计、施工、监理、咨询、专业化运营等承包商及专业公司等。这些单位或部门对接或直接参与主体工程建设,并对工程项目承担特定法律责任。实施层级组织系统的主要任务是按照管理层级组织系统的安排去组织、指挥、管理甚至从事具体的活动,落实上级下达的各项计划和指令。

对于大型航空交通枢纽建设而言,除了监理单位、设计单位和施工单位以外,各机场结合项目特征与需求,充分借助外部专业力量,纳入机场建设。例如,北京大兴机场聘请总进度综合管控咨询单位,以进度管控为抓手,实现跨界面的统筹协调管理;鄂州花湖机场聘请BIM 咨询单位,以技术规范为基础,以管理规范为措施,实现"全阶段、全专业、全业务、全参与"的 BIM 实施目标;杭州机场聘请施工管理总承包单位,对参建单位施工围挡内的统一管理标准,实行过程监督与管控,对公共区内进行统一协调、统一规划、统一标准、统一管理。

5.3　大型航空交通枢纽工程流程要素

大型航空交通枢纽工程从项目选址到正式开航这一生命周期,可以划分为规划、建设和运筹三个阶段。其中,规划阶段包括新建机场选址、总体规划、施工前准备等流程要素;建设阶段包括工程采购、建设施工、设备安装调试、竣工验收以及移交等流程要素;运筹阶段包括资源准备、资源检测、模拟演练和试运行等流程要素。

1. 规划阶段

大型航空交通枢纽工程规划阶段工作可分为研究决策工作、程序报批工作、征地拆迁工作、现场准备工作、发包准备工作、资金准备工作和组织准备工作(图 5-8)。研究决策工作主要涉及对项目可行性、技术路线、经济效益等方面的深入研究,以明确工程的总体方案

规划工作
- 研究决策工作——选址研究、立项研究、总体规划研究、民航通信导航监视设备台址研究
- 程序报批工作——总体规划批复、立项批复、规划选址与用地预审、专项审查、初步设计及概算报批、用地手续办理、开工手续办理
- 征地拆迁工作——签订征地协议、动迁安置工作、土地移交工作
- 现场准备工作——施工总平面布置方案、"七通一平"、场地移交
- 发包准备工作——标段划分方案、招标计划、招标工作实施
- 资金准备工作
- 组织准备工作

图 5-8　大型航空交通枢纽工程规划阶段工作

和可行性。程序报批工作是指将研究决策结果以及规划方案提交相关部门，经过审批程序，取得相关许可、批准或备案。征地拆迁工作是在规划阶段，对于工程所需土地的获取和对现有建筑物的拆除工作。现场准备工作是为了确保项目实施前，现场的基础设施和资源得到充分准备，以便后续施工的顺利进行。发包准备工作是指在规划阶段，为后续工程施工阶段的发包工作进行准备，包括招标、合同准备等工作。资金准备工作主要是为项目建设筹措足够的资金，并制订资金使用计划。组织准备工作要求从政府层面、项目法人层面、项目实施层面均成立项目组织，明确各层级组织机构与运行机制。

2. 建设阶段

大型航空交通枢纽工程建设阶段工作主要包括设计管理工作、采购管理工作、施工管理工作、竣工验收工作、移交管理工作和陪伴运行工作（图5-9）。设计管理工作主要涉及与设计单位的协调沟通、审核设计方案的合理性、确保设计符合法规标准和工程实际要求，同时保障设计进度和质量。采购管理工作是指对项目所需物资、设备、服务等的采购过程进行有效的管理和监督。施工管理工作涉及对施工全过程的组织、协调和监督。竣工验收工作是指在项目建设完成后，对整个工程进行验收，确保工程符合设计要求和相关标准。移交管理工作是指将建设完成的工程移交给使用和管理单位，并确保工程交付后的后续管理工作有序进行。陪伴运行工作包括对运筹人员进行项目指导与培训，并对工程项目进行维保等。

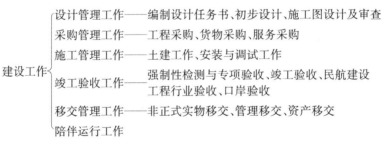

图5-9 大型航空交通枢纽工程建设阶段工作

3. 运筹阶段

大型航空交通枢纽工程运筹阶段工作主要包括总体筹备工作、过程管理工作、专项保障工作、协同准备工作和区域运筹准备工作（图5-10）。总体筹备工作是指在大型航空交通枢纽工程运筹阶段，为项目的正常运营做好全面准备和规划。过程管理工作是指对大型航空交通枢纽工程运营过程中的各项工作进行有效的演练和准备。专项保障工作是指为了确保大型航空交通枢纽工程在运营过程中的各个方面能够顺利进行而设置的特殊保障工作。协同准备工作是指为了保障大型航空交通枢纽工程各个环节协同运行而进行的准备工作。区域运筹准备工作是指为了保障大型航空交通枢纽各区域功能协调、流程顺畅而进行的准备工作。

```
          ┌─总体筹备工作──── 组织准备工作、管理文件与方案编制工作、开
          │                  航报批工作
          │
          │ 过程管理工作──── 建设配合工作、准入管理工作、进场管理工作、
运筹工作 ─┤                  投运演练工作、开航启用工作
          │
          │ 专项保障工作──── 安全保障工作、生产保障工作、经营保障工作
          │
          │ 协同准备工作──── 地面协同准备、空地协同准备
          │
          └─区域运筹准备工作── 飞行区、航站区、公共区等
```

图 5-10　大型航空交通枢纽工程运筹阶段工作

5.4 大型航空交通枢纽工程制度环境要素

大型航空交通枢纽工程的战略意义和公共产品属性,使得政府在项目治理过程中对资源的控制,以及直接干预对保证工程可持续性产生影响。此外,大型航空交通枢纽工程往往需要横跨两个行政区域,两地政府作为特殊利益相关主体,工作方式及对目标的认识存在差异,因此跨区域协调因素也应被纳入考虑范围。

1. 政府直接治理

政府直接治理对大型航空交通枢纽工程的影响主要体现在治理理念、治理结构、治理机制等方面。

在治理理念方面,我国政府对大型航空交通枢纽工程的治理主要体现了"领导"和"指挥"的职能,并直接反映在领导和监督层面,政府担任直接领导者,部署项目任务的同时也协调着各参与方的建设活动,为项目前期决策规划与后期建设的顺利推进起到极大的推动作用。在治理结构方面,作为主要利益相关者,政府主持和指导相关主体的权责利分配,协调各主体之间的关系,维护框架内各项工作正常运转,保证项目目标的实现。在治理机制方面,中央及地方政府部门组建建设及运营筹备领导小组,全面负责组织、协调地方政府、相关部委以及民航局机关各部门及局属相关单位,统筹做好大型航空交通枢纽工程的建设和运营筹备等各项工作,保证建设项目能按时完工。

2. 跨区域协调

建立两地共同参与的沟通合作平台,形成界面协调的最高层级。

跨区域协调的沟通合作平台主要借助政府行政力量,以国家发展战略为核心目标,对可能影响项目最基本和核心目标的冲突进行适当干预。这一平台不替代有关部门的行业管理职能和大型航空交通枢纽工程建设指挥部的工程建设组织管理职责,其主要工作职责有三点:一是管大事,即研究审定新机场总体规划、主要建设目标、年度工作计划和有关重大事项;二是抓协调,即协调建设过程中的重大问题,包括政府与政府之间、政府与企业之间以及涉及的军事设施迁建等重大问题;三是解难题,即研究解决建设管理部门及其他有关部门难以解决或相互之间存在分歧的重点难点问题。

5.5 大型航空交通枢纽工程界面

界面也称接口,表示不同事物间的相互作用。工程建设项目的界面管理可被定义为对相互依存的项目实体、实施阶段或相关组织及个人之间的公共边界进行沟通、协调和责任分配,解决各界面在工程实施中可能存在的矛盾,从而实现项目管理目标的过程。

界面分析是界面管理工作的基础,本节将介绍大型航空交通枢纽工程界面分类,并对项目物理界面、合同界面和组织界面三类关键界面进行阐述。

5.5.1 大型航空交通枢纽工程界面内涵

大型航空交通枢纽具有规模庞大、功能复杂的基本特征,驱使建设过程进行高度的专业化分工,在有限的时间内整合多专业团队、材料、系统、成本及进度计划。工程项目的复杂性与临时性、涉及组织的多元性,以及建设活动的相互依存导致了大量界面的产生。低效的工程界面管理往往会带来设计错误、系统性能故障、协调困难或施工错误等问题,极大程度地影响项目绩效。因此,工程界面管理已成为项目管理的重要领域。工程界面可以分为物理界面、合同界面和组织界面三个主要类别。

1. 物理界面

工程施工技术的发展确保了一般状况下各个构件和工程组件的设计、细节和构造良好,然而由于行业生产的特点,构件之间的界面或接口往往留到施工现场协商与解决。相邻构件、不同专业系统之间的界面极易出现冲突。

物理界面是两个或多个建筑图元或构件之间的实际物理连接。按照空间和时间的维度,物理界面可划分为实体界面和项目阶段界面。实体界面通常指几个建筑物或构件的实体交接面,在工程项目中广泛存在,其数量及复杂程度取决于设计方案。项目阶段界面和建设工程项目所处的实施阶段相关,规划、建设、运筹各阶段间存在项目阶段界面。

2. 合同界面

工程建设项目出于投资、设计、施工等需要,往往将工程分解为不同的工作包,在发包人和多个专业承包商间形成合同关系,导致合同界面的产生。建设项目合同执行过程中容易出现界面不清晰、权责不明确等问题。对于投资金额高、工期紧张、参与单位数量庞大的大型航空交通枢纽工程而言,合同界面问题更是项目管理的难题。

合同界面即同一工程项目的各类合同间的相互制约和依赖。按照合同的范围,合同界面可分为合同之间的界面、合同和外部环境间的界面;按照工程专业系统类别,可分为土建与土建、土建与设备、设备与设备等合同界面;按照管理体系,可分为业主合同界面和承包商合同界面。

3. 组织界面

根据项目类型和项目要求,项目干系人的数量在整个项目生命周期中会发生变化。在参与组织动态变化的环境中,管理内部和外部利益相关者之间的协作、沟通和界面非常重要。

组织界面指的是参与工程建设项目的各方之间的相互关系和作用,涵盖贯穿于项目全生命周期中涉及的个人或组织之间的关系。按照相关方的合同关系,组织界面可分为有合同关系约束的组织界面和无合同关系约束的组织界面,前者的界面协调主要通过合同约定完成,后者的界面协调需求大量存在,需要业主的介入和沟通。按照界面的层次,组织界面可分为项目间组织界面、项目内组织界面、项目外组织界面等。

5.5.2　大型航空交通枢纽工程界面分析

大型航空交通枢纽工程界面系统见图 5-11,四类界面存在区别而又紧密关联。其中,实体界面是合同界面划分的主要依据,如将施工类工作按工程区域划分标段进行发包,进而形成合同界面。同样地,合同界面的划分可能意味着不同参与方的出现,参与方的数量影响组织界面,不同组织工作间的界面会影响工程实体界面的形成。需要注意的是,存在组织界面的实体之间不一定存在合同界面,如监理与承包商之间存在组织界面,却不存在合同界面。项目阶段界面与时间维相关,在关键的项目阶段界面上需要对组织界面、实体界面进行协调,保证工程项目的顺利推进。项目阶段界面、组织界面、合同界面是需要着重分析与考虑的三类工程界面。

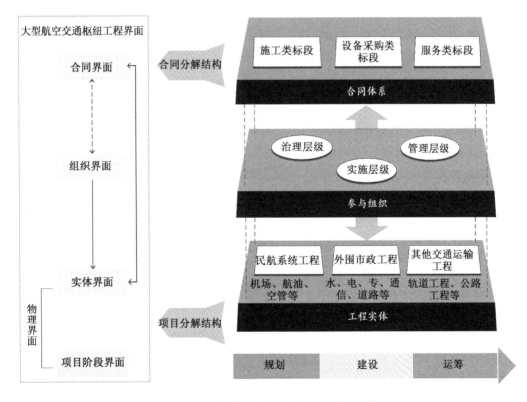

图 5-11　大型航空交通枢纽工程界面系统

1. 大型航空交通枢纽工程项目阶段界面

大型航空交通枢纽工程从项目选址到正式开航经历规划、建设和运筹三个阶段,不同阶段中项目管理工作具有不同的要求和重点,形成了规划与建设界面、建设与运筹界面两大主要项目阶段界面。有效的项目阶段界面管理将有助于避免出现各阶段割裂的情况,实现工程项目全生命周期的综合效益最大化和管理举措最优化。

2. 大型航空交通枢纽工程组织界面

大型航空交通枢纽工程组织界面可划分为项目内、项目间、项目外三个层次,分别对应实施层级、管理层级与治理层级组织系统。项目内组织界面指管理层级下设各部门以及设计、施工、运营等阶段的承包商与其他专业机构之间的组织界面。项目间组织界面指管理层级各组织之间的界面,如北京新机场建设指挥部与首都机场集团公司北京新机场管理中心间的组织界面;也可能涉及机场集团内不同项目组织间的组织界面,如广东省机场管理集团不同子机场工程建设指挥部间存在组织界面。项目外组织界面指管理层级与治理层级之间及治理层级不同相关方之间的界面,如:机场建设指挥部与行业主管部门之间的组织界面,省、市、区行政管理机构之间的组织界面。

3. 大型航空交通枢纽工程合同界面分析

工程合同界面分解取决于工程合同结构划分。根据项目进度目标和工程实施理念等情况,大型航空交通枢纽工程可以有不同的标段划分方式。例如,广州白云国际机场三期扩建工程按照标段划分为施工类、设备采购类以及服务类三类,施工类项目除东、西飞行区场道工程外,其余均只划分为一个标段;设备采购类项目大多分为多个标段,分批采购;服务类项目包括设计、勘察、监理、检测等。该工程标段划分图见图 5-12。

在工程合同结构分解的基础上,参照责任分配矩阵(RASCI)的基本形式,可以进一步制作工程合同界面分解表,梳理与明确合同界面划分与相关方责任,见表 5-4。

表 5-4　某大型航空交通枢纽工程合同界面分解

工程类别	工程名称	工作工序	业主	承包商1	承包商X	分包商1	分包商X	供应商1	供应商X	咨询单位	其他单位
施工	东四、西四指廊工程	工序 1	C	R	—	Cd	Cd	S	—	Cd	—
		工序 2	—	R	R	—	—	S	S	—	—
		工序 X	—	R	—	—	—	S	—	—	Cd
	西卫星厅工程	工序 X	—	R	—	—	—	S	S	—	Cd
	跨区域工程	工序 X	—	C	R	—	—	S	—	Cd	—
	西区工程	工序 X	—	C	R	—	—	—	S	—	—
	东区工程	工序 X	—	C	R	—	—	—	S	Cd	—

······

注:R—负责主办,Cd—配合,C—检查,S—供应。

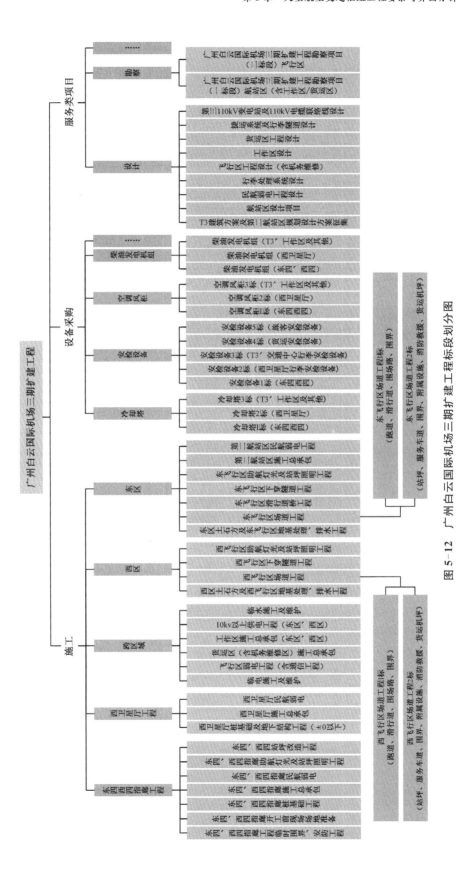

图 5-12　广州白云国际机场三期扩建工程标段划分图

　　大型航空交通枢纽工程由项目实体、组织、流程等多维要素构成,同时受到制度环境要素的影响,这些要素及与制度环境的互动在工程项目全生命周期内动态变化,相互关系错综复杂,存在项目阶段界面、组织界面、合同界面等大量界面。由于工程要素与界面繁多复杂且关联度高、汇集海量数据、技术难度高等特征,大型航空交通枢纽的建设与运行存在着不确定性和高风险性,对多元组织的协同、项目目标和任务的统筹协调、多源信息的管理提出挑战。

第 6 章

大型航空交通枢纽工程组织
耦合关键技术

系统的目标决定了系统的组织,组织又是目标能否实现的决定性因素。大型航空交通枢纽工程系统的复杂性和层次性决定了其管控组织系统的复杂性与层次性。大型航空交通枢纽集成多类型交通基础设施,涉及多方投资主体,多元组织在工程全生命周期内的集成与协作对实现枢纽战略目标至关重要。组织耦合关键技术以系统论、二阶控制论为基础,通过基于"指挥部+综合集成管控"的二阶控制模式、基于"行政—合同—关系"的三元协同治理体系与基于"综合管控协同体"的内外部联动机制,整合各组织层级的力量,实现参与主体的协同共治。

6.1 基于"指挥部＋综合集成管控"的二阶控制模式

项目控制是项目管理最根本和最基础的职能(赛云秀,2015),包括确定目标、衡量成效和纠正偏差等过程,使系统实现有目的的变化活动。控制论是工程项目管理的基本理论之一。在一阶控制论的情况下,观察者处于被控制系统外,设定系统目标,对系统行为进行控制。然而,在由多元组织及个人组成的复杂工程系统中,绝对独立、客观的观察者并不存在,观察者与系统中的某个组织或个人存在联系,并对系统产生影响(张君弟,2017)。同时,系统内成员存有自己的意图,可能与系统目标出现矛盾,对系统多重目标的认识引出了二阶控制论。区别于一阶控制论中观察者与系统和目标存在边界的情况,在二阶控制论的情况下,观察者将处于系统中,既观察系统的运作,同时又是系统中的行动者,自行设定系统的目标,结合环境情况进行验证与调整(万百五,2010)。

大型航空交通枢纽工程项目是由多层次、多类型单体工程项目共同构成的复杂项目群,具有建设周期长、工期要求高、组织系统复杂的特征,是典型的复杂系统。一阶控制论难以满足多层次复杂组织与多重目标系统控制的管控需要,不能解决复杂系统中涌现的问题,因此需要将二阶控制论的思想应用于大型航空交通枢纽工程项目的复杂情境中。

依据 VSM 理论,若将大型航空交通枢纽工程建设与运筹系统视作一个活力系统,就要求其组织多样性高于环境多样性,管理多样性高于组织多样性(孙继德等,2020)。为在变化的环境中更好地实现所设定的系统目标,建议基于"指挥部 + 综合集成管控"的组织模式,引入第三方管理咨询机构,建立二阶控制机制,以机场建设为中心,围绕目标、组织、任务、信息四个方面进行综合集成管控。

"指挥部 + 综合集成管控"组织模式的核心是由机场建设指挥部总体牵头,引入第三方专业咨询机构(管控团队),对工程项目进行综合集成管控。在此模式中,第三方管控团队独立于指挥部而存在,作为项目组织中的参与机构,尽管其不直接参与决策和实施,但却作为信息汇聚点与多组织层级进行信息交互,增加了组织系统内部交互的多样性。从管理系统的角度,第三方管控团队可为大型航空交通枢纽工程项目管理层级提供多样化的管理建议,提升了管理系统的多样性。另外,第三方管控团队可为管理层级提供高度集成化的统计信息,以及基于统计分析的结论和建议,从而减少组织系统对于管理系统的多样性,提高管控效率。

管控团队需与原有项目组织进行深度融合,共同形成管控组织。管控组织应具有支持性、专业性、融合性,支持性指管控工作应得到项目各参与方与高层领导的支持,专业性指管控团队应具备丰富的机场综合集成管控经验,融合性指基于管控工作成立的临时性管控小组要能与现有的工程组织切实融为一体。深度融合形成的管控组织即为大型航空交通枢纽工程建设与运筹系统的目标设定者和观察者,在设定建设项目目标的同时进行控制,见图 6-1。

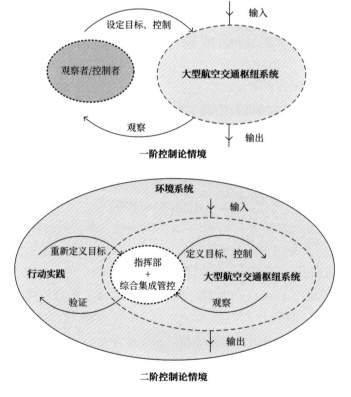

图 6-1 一阶控制论与二阶控制论情境对比

以总进度综合管控为例,指挥部可以通过超越组织边界和超越项目边界的全过程管理,实现大型航空交通枢纽的各项子工程的同步建设、同步投运。总进度综合管控工作需要专业咨询机构(管控团队)与现有项目组织进行深度融合,共同形成管控组织。其中专业咨询机构负责进度计划编制和跟踪管控,现有项目组织为管控工作提供各项支持。总进度综合管控团队要融入建设管理单位、运筹管理单位和机场集团专业公司的管理过程中,列席参加机场建设单位会议,对机场建设单位工作进度信息实时跟踪、分析与反馈,成为建设管理单位和运筹管理单位管理大系统中的一个子系统。

在指挥部设定的目标与提供的支持下,总进度综合管控团队需要编制进度计划,收集处理和分析进度综合管控信息,组织开展进度综合管控联合巡查,进度风险和预警分析,编制管控定期报告和专题报告,评测进度综合管控工作并提出进度纠偏措施建议,进而为不同的决策者提供不同的信息反馈,从而实现项目组织在同层次内和不同层次间的集成。

例如大兴机场、广州机场、上海机场、鄂州花湖机场等多个机场都采用了工程总进度管控模式,通过编制总进度综合管控计划,实现对项目的动态控制,同时建立了风险预警体系,有效满足机场建设项目工期紧张、质量要求高的要求。在大兴机场的《北京新机场建设与运营筹备总进度综合管控计划》中,共梳理出重点问题 41 个,识别关键节点 366 个。通过制订科学合理的具备实现目标能力的行动方案,将活动方式、任务分工、相互关系、资源配置、管理手段等纳入其中,同时加入为提高效率而进行的自我约束、检查监督、偏差分析和纠偏活动,实现了机场工程项目动态、全过程管控。此外,《北京新机场建设与运营筹备总进度综合管控计划》覆盖包括外围市政和交通配套工程在内的其他工程,实现了超越组织边界的科学管理,有效地提升了建设方对大型机场建设工程的科学管控能力。在上海虹桥交通枢纽建设过程中,指挥部编制完成了《上海虹桥综合交通枢纽总进度纲要控制节点》,通过对总进度纲要控制节点执行情况的检查和重要界面节点的重新梳理和平衡,形成了 81 个控制节点,并成立进度总控小组,对进度实施情况进行跟踪管控,确保虹桥枢纽工程建设目标的实现。

6.2 基于"行政—合同—关系"的三元协同治理体系

大型航空交通枢纽工程项目的组织系统是涵盖政府、投资主体、建设单位、施工单位、设计单位、咨询单位、供应单位等参与主体,多种永久性组织和临时性组织并存的多层级组织,可以分为治理层级、管理层级和实施层级。治理层级由国家、地方等政府机构组成,主要关注项目整体的宏观决策与战略;管理层级负责实际管控机场建设与运营工作,对机场主体建设工程的进度起主要控制作用;实施层级为管理班子下实际执行机场建设与运营工作任务的各部门及负责设计、施工、监理、专业化运营等承包商及专业公司,对项目的具体操作与实施负责。

组织系统的建立应注重集成团队优势,发挥出"1+1＞2"的价值效果。由于政府部门集中掌握资源,在各方面都具有比其他主体更高的权威,因此大型航空交通枢纽工程项目组织必须是由政府主导,倘若没有国家和政府的强力推动,项目组织系统的顺利实施就难以保障。行业主管部门可以实现对大型航空交通枢纽工程的统一部署、统筹协调重难点事项、引领指导行业高质量发展。机场建设单位负责贯彻执行上级单位制订的目标和政策,协调管理各单位或部门的建设活动,对项目目标偏离现象及时纠偏。同时,机场建设单位也是大型航空交通枢纽工程建设的核心主体,应当发挥项目群管理的"群主"作用,实现各专业、各主体间目标一致、信息共享、高效沟通的协同作业模式。社会专业单位与团队具有较强的专业素养,能满足民航基础设施建设专业分工越来越细致、技术要求越来越高的整体要求。

基于以上各主体的定位与优势,厘清各主体间的管理模式与沟通方式,建立组织间桥梁,是形成整合力量的重要途径。上级管理部门通过行政手段对机场建设单位进行统筹管理,能有效地解决内外部门协调的冲突,保证工程项目的稳步推进。然而,由于过度强调行政指令,缺乏专业化的工程项目管理人员,单一的指挥部模式在实践过程中出现了诸多弊端。机场建设单位与设计单位、施工单位、监理单位等参建单位间依托合同管理,明确合同双方应承担的项目风险,在合同双方之间合理分配项目成功带来的收益,使合同双方的目标尽可能地一致。然而,在以合同关系为主的传统项目管理模式中,业主与承包商是合同的买卖双方,所以他们是经济利益相互对立的两方。在工程建设项目合同的实施过程中,因为双方的不合作与不信任,甚至双方的相互冲突与斗争,会使工程建设项目在实现过程中消耗更多的资源和占用更多的能力,所以很多情况下这种传统的管理模式会出现一种"双输"的局面。因此,要引入新的理念,使业主与承包商之间的关系从"利益对抗"转变为"相互合作"。各参与方之间应以建设高质量大型航空交通枢纽为目标,在工程建设项目实施中建立合作伙伴关系,充分利用非正式的关系治理,激发各参与方协同作业的主动性。

以二阶控制论为原理而创建的 VSM 模型,将组织中的管理过程处理成闭环过程。VSM 模型将组织看作一个信息处理系统,采用控制论的方法分析组织和环境的相互作用。依据 VSM 理论,一个 VSM 组织有三个部分,环境部分、管理部分和运作部分(万百五,2010)。通过借鉴重大工程治理机制的已有研究成果,基于 VSM 理论,本书提出"纵向行政—横向合同—嵌入式关系"的三元协同治理体系,该体系的一个应用实例见图 6-2。通过正式化的行政治理机制、合同治理机制,分别借助行政手段与合同手段制订垂直层级参与主体间共同遵守的政治契约、多个平等参与主体间的谈判机制,规范项目各参与方的行为;通过非正式化的关系机制,借助信任、合作、网络等关系手段创造和谐的合作氛围并建立良好的合作纽带,实现各参与方的自我履约。从上至下分别形成组织中的规划决策系统、控制协调系统及操作系统,负责组织生存性和内部稳定性,由上至下实现组织内部的闭环管理,同时吸收和利用环境部分的信息,向环境学习,使组织更好地适应环境的变化而维持自身发展。

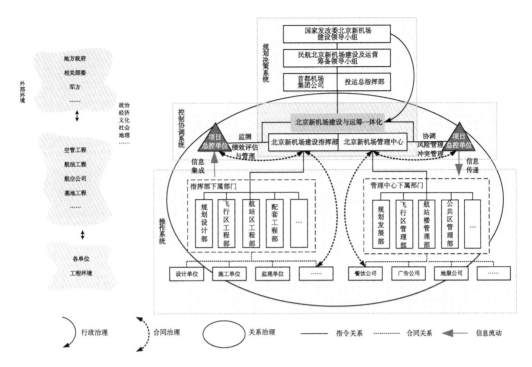

图 6-2　基于"行政—合同—关系"的三元协同治理机制示例

6.3 基于"综合管控协同体"的内外部联动机制

大型航空交通枢纽工程建设的核心主体为机场,机场建设单位除依托外部总控专业单位进行信息的整合与协调平衡外,组织内部也应成立相应综合管控部门,即综合管控协同体。综合管控协同体对内统筹管理,对外沟通协调,从而实现多主体协同作业,共同推进大型航空交通枢纽工程建设。

综合管控协同体应兼顾管理和技术两个维度的总控协调作用。从管理层面来看,综合管控协同体应在指挥部领导班子的带领下,调动指挥部内部力量、社会专业力量、运营单位力量,负责规划、建设与运筹全生命周期的策划、管理、协调、集成、管控工作。以总进度计划为主线,总进度综合管控为抓手,对内牵头对接参建单位、运营单位,对外依托总指挥部等治理层级管控单位,对接其他投资主体、行政管理部门,协调管理各类组织边界和工作界面,推动实现超越行业与地方边界、建设与运营边界、投资主体边界、参建单位边界、军地边界等的跨组织管理与协调。并以此为基础,形成目标一致、组织协同、进度统筹、衔接顺畅、信息共通、计划高效、管控最优的协同机制,打造联动管理的综合管控局面。

从技术层面来看,综合管控协同体在指挥部领导班子的领导下,借助社会专业力量,牵头建设过程智慧化管理,广泛推广应用信息技术,搭建管理信息平台,规范管理流程、提高管理效能、降低管理成本,弥补传统管理的短板。会同各工程管理部门推行"智慧工地",实现智慧创安、智慧提质、智慧增绿、疫情智控、智能建造。综合管控协同体的关键职责见表6-1。

表6-1 综合管控协同体的关键职责

职责模块	职责说明
规划投资建设运营总进度综合管控	制订面向项目群的多层级、多区域、多主体的进度计划体系,明确时间表、路线图、任务项与责任单位,统筹规划、投资、建设、验收、移交、运营等各项工作;对进度管控进行主动高效管理,关键把控关键节点与里程碑节点的项目进展,发现偏差或问题,及时进行事前预警与事后控制,提供必要纠偏措施
跨组织边界和工作界面的协调管理	牵头跨投资主体边界、参建单位边界、建设与运营边界等组织管理与协调。构建具有统领性和应用性的组织管理结构,探索符合我国国情和工程实际的协同联动机制,统筹平衡工程与组织系统,工程界面、任务界面与组织界面
牵头机场数字化、网络化、智慧化的规划、建设和发展	负责牵头拟定机场数字化、网络化和智慧化(简称"三化")建设发展规划,组织"三化"重大课题研究,统筹协调组织推进"三化"相关项目建设和对外合作交流,负责组织实施对相关工程"三化"建设工作的考核评价和管理工作
对接工程建设中新技术、新工艺、新材料和新设备的推广应用	负责项目的技术革新、技术培训和考核工作,大力开发和推广新技术、新材料、新工艺在项目建设中的应用;组织制订新技术应用参与各方的技术要求、确定标准体系、监控项目进度、成果验收、组织成果总结等

综合管控协同体作为机场建设单位与外部各单位协同作业的纽带,根据工程进展和任务需求,整合内外部力量,动态调整参与人员。项目前期,工作重点在于对整个项目的规划设计以及总体管控计划的制订。除管控部门固定成员外,其余人员部分来自指挥部规划设计板块、计划合同板块(招标采购板块),还有部分来自勘察设计单位、投资控制咨询单位和进度管控咨询单位等组成的专业单位。项目建设期,工作重点在于对各区域建设项目的统筹协调和管理。除管控部门固定成员外,其余人员部分来自指挥部规划设计板块、航站区工程管理板块、飞行区工程管理板块、配套工程管理板块、设备信息工程管理板块,部分来自由施工总承包管理单位、工程监理单位、投资控制咨询单位、进度管控咨询单位、BIM咨询单位等组成的专业单位与团队。项目投运期,工作重点在于做好建设运营的衔接、项目决算。除管控部门固定成员外,其余人员部分来自财务板块、行业管理部门、运营单位,部分来自投资控制咨询单位等专业单位与团队。

大型航空交通枢纽工程的项目协同体是一种多维度、多参与方的复杂系统,其内外部循环机制包括以下方面。

1. 内部循环机制

(1)信息流:项目协同体内各参与方之间通过信息共享、交流和反馈机制,实现信息的有效流通。这种信息流不仅包括工程进度、质量、成本等基本信息,还包括风险管理、沟通协调等相关信息。

(2)物流:在项目协同体内,各参与方需要协调物资、设备和人员的流动,确保工程所需的资源和要素能够及时、准确地供应和调配。

（3）资金流：项目协同体内部需要建立有效的资金流动机制，确保工程款项的支付、合同款项的结算等财务活动能够有序进行。

（4）决策流：项目协同体内各参与方之间要建立有效的决策协调机制，确保在工程过程中遇到的问题能够及时得到解决，同时避免决策冲突和重复决策的情况。

2. 外部循环机制

（1）与政府部门的沟通协调：大型航空交通枢纽工程通常涉及政府部门的审批和支持，因此项目协同体需要与政府部门建立良好的沟通协调机制，确保工程能够顺利获得相关许可和政策支持。

（2）与供应商和承包商的合作机制：项目协同体需要与供应商和承包商建立稳定的合作关系，确保工程所需的物资和设备能够及时供应，同时保证工程质量。

（3）与周边地区的互动机制：大型航空交通枢纽工程通常对周边地区产生重要影响，因此项目协同体需要与周边地区建立良好的互动机制，协调相关利益关系，降低潜在的冲突和矛盾。

（4）与社会公众的沟通机制：大型航空交通枢纽工程对周边地区的社会公众产生一定影响，因此项目协同体需要建立与社会公众的沟通机制，及时传递工程信息，回应公众关切，增强公众对工程的信任和支持。

通过内部和外部循环机制的协调运行，大型航空交通枢纽工程的项目协同体可以实现各参与方之间的有效协同和资源优化配置，提高工程的效率和质量。项目协同体的内外部循环机制实践可借鉴哈尔滨太平国际机场，见附图 5-3。

第7章
大型航空交通枢纽工程任务耦合关键技术

大型航空交通枢纽工程作为超巨型复杂系统工程，工程系统间密切关联，相互制约，既要满足民航系统的机场工程、空管工程、供油工程和航司工程间建设与运筹的任务统筹要求，又要实现民航系统与外围配套工程（水、暖、电、气等）及高铁、城市轨道、公路工程等多种交通运输工程的任务衔接与协调，且要兼顾建设与运筹一体化，科学统筹各工程系统和组织系统的任务极具挑战性。本章将依次从任务分解、任务过程集成并行和关键任务及风险评估三方面讲述任务耦合关键技术，实现全面统筹大型航空交通枢纽工程任务。

7.1 结构化任务分解与耦合技术

结构化任务分解技术（Structured Work Breakdown）是指将大型航空交通枢纽工程项目按一定的原则分解为一项项工作细目或者子项目并将其分配至各单位，由此建成各项目对象。该技术总体来说是通过向各组织分配工作任务以完成项目实体对象的建设任务，以项目对象分解结构（Project Breakdown Structure，PBS）为目标，工作分解结构（Work Breakdown Structure，WBS）为过程，组织分解结构（Organization Breakdown Structure，OBS）为职能保障，全方位构成大型航空交通枢纽工程项目建设体系，避免由工作界面重叠交叉引起的职能冲突和任务反复，见图7-1。

大型航空交通枢纽工程结构化任务分解技术包括三个步骤：一是项目实体对象分解，二是项目任务梳理，三是每项任务的工作职责明确（乐云，蒋卫平，2010）。

1. 项目对象分解结构

PBS是以项目交付结果为对象进行的层级结构分解，侧重于可交付成果本身。项目从立项到最终交付使用的全过程中，PBS需要综合诸多因素持续进行动态更新。

大型航空交通枢纽工程项目实体对象分解需结合其项目组成要素。按照工程范围分解（图7-2），大型航空交通枢纽工程通常包括四个层次：①机场主体工程，②民航系统工程，③外围市政工程，④与枢纽相关的其他交通运输工程。按照施工内容分解（图7-3），大兴机场将大型航空交通枢纽工程项目层层分解为民航系统工程、市政工程、轨道工程等工

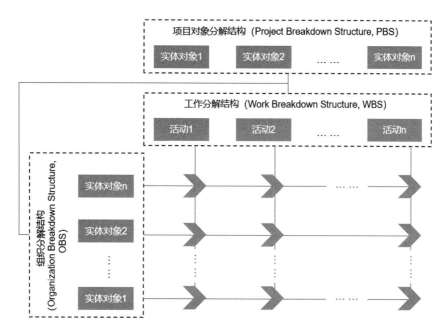

图 7-1　结构化任务分解技术三要素（PBS、WBS、OBS）

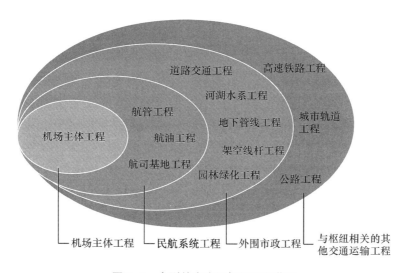

图 7-2　大型航空交通枢纽工程范围

程，航站楼、飞行区、地铁车站工程、地铁区间工程等单项工程，土建工程、建筑设备安装工程、建筑装饰装修工程等单位工程，地面基础及支护结构、主体工程、防水工程、建筑屋面、人防工程、通风与空调工程、给排水工程、电气工程等分部工程，土方开挖回填、钢筋、混凝土、保温层、防水层、管道安装等分项工程。

2. 工作分解结构

WBS 是指将项目或项目群确定的工作范围逐层分解为更小工作单元而形成的分解结

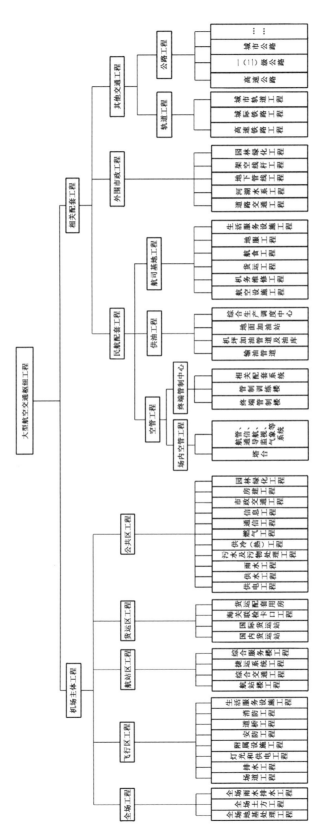

图 7-3 大兴机场工程分解

构,是为完成项目或项目群目标而对项目范围内全部工作进行的分解,完整的项目或项目群的工作范围应包括项目或项目群的管理层或执行团队成员、分包商和其他利益相关方须完成的工作。WBS 的每个下层结构都应更为详细地定义上层工作,从而强化或支持项目群管理。

鉴于多个工程的投资主体、建设主体和运营主体不同,WBS 需兼顾管理和组织因素(乐云,蒋卫平,2010),才能适应建设管理的需要;考虑到机场主体工程、外围市政工程和其他交通运输工程等工程同步建设时存在的工序交叉问题,WBS 需遵循实际建设流程。

WBS 可以体现为图形式、大纲式和列表式等多种形式,其典型特点如下:①WBS 所有单元并非都需要分解到相同层级,而是应分解到管理项目或项目群工作所需的层级;②每个WBS 单元可分派给个人、实体或职能单位负责;③WBS 宜体现项目技术复杂程度、项目规模和确定项目工作范围所必需的其他信息;④构成工作范围的 WBS 单元可参考行业标准、组织程序、实体对象、合同条款等条件进行划分;⑤WBS 上的每个单元应由唯一识别码加以区分。

项目或项目群的 WBS 应尽早开发,可在大型航空交通枢纽工程项目的目标论证阶段创建初步工作分解结构,并随着项目推进,进行维护和更新,直至最终可交付成果完成、交付或移交给客户。开发后的 WBS 可用于范围分解维护,支持项目或项目群状态的持续可视化和完整性,有助于推动项目或项目群团队成员之间以及与内外部利益相关方的沟通。

3. 组织分解结构

OBS 是基于项目需求识别的人力资源、按照工作类型(设计、施工、验收等)与分工进行层级设计所产生的结构。项目建设过程中,消除工作界面重叠的基础是明确工作职责,组织分解结构能体现不同层级工作包的负责人,将来自相关部门或单位的项目成员与工作包分层次、有条理地联系起来,避免工作任务的冲突和重叠。

WBS 与 OBS 进行整合可形成"责任分配矩阵",包括待完成和待交付工作、待完成重要工作单元、WBS 单元执行和交付的责任人或责任组织等内容,使 OBS 的最底层实现交付责任分工唯一、明确,并可据此创建项目或项目群的控制点。将 WBS 与职能领域进行关联,将待完成工作与工作组织的不同职能领域进行关联,可加强项目或项目群管理人员间的沟通,有助于项目或项目群管理人员重点关注职能领域资源受限所导致的风险。

将 WBS 单元与职能部门相关联,可以形成管理任务分工表。管理任务分工表一般包括总编号、节点名称、计划完成时间、责任部门(参与部门、协调部门)等内容,如北京大兴国际机场飞行区管理部的进度管控任务分工,见表 7-1。在管理任务分工表中应明确每项工作任务由哪个工作部门(或个人)负责,由哪些工作部门(或个人)配合或参与,同时在项目的进展过程中,应视情况对管理任务分工表进行调整。

表 7-1　北京大兴国际机场飞行区管理部运筹工作进度管控任务分工表(节选)

总编号	节点名称	计划完成时间	责任部门
145	取得机场使用细则的批准文件	2019 年 5 月	飞行区管理部
156	开始组织新机场飞行区专项演练	2019 年 6 月	飞行区管理部

(续表)

总编号	节点名称	计划完成时间	责任部门
165	完成飞行区运营管理体系文件编写	2018 年 8 月	飞行区管理部
168	确定新机场地服运营模式	2018 年 9 月	飞行区管理部
169	完成飞行区架构分组，骨干人员到位	2018 年 10 月	飞行区管理部
171	完成飞行区交通规则及运行管理规定制订	2018 年 12 月	飞行区管理部
175	完成设备、物资采购	2019 年 2 月	飞行区管理部
176	完成机位使用细则制订	2019 年 3 月	飞行区管理部
XZ266	完成北京大兴国际机场地面滑行规划	2019 年 3 月	飞行区管理部
24	完成飞行校验	2019 年 3 月	飞行区管理部
XZ268	完成北京大兴国际机场低能见度运行试飞准备工作	2019 年 5 月	飞行区管理部
26	完成试飞	2019 年 5 月	飞行区管理部
184	完成飞行区电力、供水系统接收	2019 年 6 月	飞行区管理部
186	地服公司参与联合调试	2019 年 6 月	飞行区管理部

4. 合同分解结构

WBS 的制订和合同分解结构密切相关，合同工作分解结构(Contract Work Breakdown Structure，CWBS)是适用于特定合同或采购活动的完整分解结构，有利于大型航空交通枢纽工程建设指挥部管理施工单位的工作。

CWBS 应与合同规定的层次相一致，它概括了项目的任务，确定了这些任务与项目的组织机构、技术状态的关系，为项目的性能、技术目标、进度和费用之间确定了逻辑上的联系框架。

5. 分解与耦合

分解与耦合是大型航空交通枢纽工程综合管控的重要手段，它们在复杂工程的项目管理过程中起着至关重要的作用。通过分解，我们可以将一个复杂的项目划分为更小、更易于管理的子任务或部分，从而更好地理解和规划项目的各个方面。然而，仅仅分解是不够的，各个部分之间还需要通过耦合关系相互连接，才能形成一个完整的系统。

任务分解、工作分解、组织分解和合同分解是项目管理中的重要方法，这些分解过程有助于我们更好地理解每个部分的目标和要求，以及它们之间的关系。分解后的部分仍是相互关联、相互依赖的，需要通过任务耦合、工作耦合、组织耦合和合同耦合等步骤，将它们有机整合在一起。任务耦合能使子任务在进度、资源和风险上实现协同与配合，工作耦合使日常活动能够互相支持，共同推进总体目标的实现，组织耦合确保跨部门的合作与信息共享，合同耦合则通过明确的界面和接口，保证了各个合同之间的无缝对接。这些耦合关系不仅确保了各个部分之间的协调和平衡，还使得整个项目能够形成一个有机整体。

总体而言，大型航空交通枢纽工程综合管控充分体现了分与合、部分与整体的辩证思想,为实现大型复杂工程的高效管理提供了关键思路和方法。

7.2 集成并行工程技术

集成并行工程技术(Integrated Concurrent Engineering,ICE)的思想源于集成产品开发(Integrated Product Development,IPD)模式和 1988 年美国国家防御分析研究所提出的并行工程技术(Concurrent Engineering,CE),其关键要素包括跨部门的团队和结构化的流程,旨在优化工程设计的周期,从项目最初就要求实现高效且完整的设计,整合多学科团队在同一地点集成地、并行地进行工作,从而完善和部分取代了传统的按顺序进行的设计流程。集成并行工程技术是对大型航空交通枢纽工程的建设运筹过程进行并行、集成化处理的系统方法和综合技术,源于产品开发的集成和并行,主要包括多主体任务集成、综合与协调技术,多源数据报告和集成技术,以及多界面进度协调技术。集成并行工程技术要求项目投资方、参建方从设计开始就考虑到项目全生命周期的全过程,不仅要考虑到各项工程的性能,还要保证各项工程的质量,通过提高设计质量、优化建设过程来提高项目建设效率。

7.2.1　并行工程

并行工程是集成地、并行地设计产品及其相关过程(包括制造过程和支持过程)的系统方法。并行工程要求产品开发人员在一开始就考虑产品整个生命周期中从概念形成到产品报废的所有因素,包括质量、成本、进度计划和用户要求。

并行工程思想和方法应用到大型航空交通枢纽工程,可以在多个方面得到体现。本书根据国际国内若干机场工程的探索和实践,依据相关理论,提出以下实践指南:①强调投建营一体化,即通过集合投资开发、工程建设、运营管理,实现项目全生命周期的"三位一体"整合,从顶层设计入手,创造性地打通从投融资、建设管理到运营维护整条产业链,实现对项目全生命周期、全过程的掌控。②追求尽早投入工作。并行工程强调各活动之间交叉并行,为争取时间,强调项目不能等信息完备后再开始建设实施,应将有关活动细化、规划后进行并行交叉。③群组协同。并行工程的实施不仅是任务的规划,而且需要建立一支来自不同企业或企业内不同部门的技术与管理人员所组成的团队,进行群组协同工作,做到工种集成、任务集成和组织集成。

并行工程体现了开发建设工作的系统性,前期策划工作将产品设计、投资估算、开发计划、建筑施工、质量控制、销售实现等因素一同纳入系统,不是单单追求每个部门的工作最优,而是强调系统集成与整体优化。并行工程强调设计要面向整个建设过程和建设对象,因此整个开发建设过程应通过集成多源数据、协调多界面进度、管控多主体、集成多任务,为全过程和总目标服务。

7.2.2 多主体任务集成与协调技术

大型航空交通枢纽工程项目涉及的工程系统和组织系统复杂，为保障建设前期、工程建设、运营准备等各个阶段的顺利推动，需要注重多主体的任务集成。多主体任务集成与协调技术强调在各层级组织之间建立一套动态信息的控制机制，对组织中各层级的信息流程加以规范，使得组织系统能在该流程下灵活地、自发地对系统中产生的进度信息作出反馈，从而实现项目管控的目的。

大型航空交通枢纽工程项目的组织系统包括实施层级、管理层级和治理层级，每一层级在控制系统中的职能不同，但都无法独立完成建设任务，需要上传下达、全面协调。

1. 实施层级

实施层级的主要职能就是在进度计划的指导下执行任务，并在计划规定的期限内完成。北京大兴国际机场建设和运筹总进度计划以部门和专业公司为单位编制，其中作业项的计划完成时间就是各部门和专业公司的进度控制目标。为了实现进度控制目标，各部门和专业公司要合理配置人力、财力、物力资源，及时高效地采取各类进度控制措施。实施层级的另一重要职能就是及时、全面地上报状态信息，使信息在组织系统内保持畅通，管理层级和治理层级能尽快掌握系统全貌。作为工程建设和运营第一手状态信息的接收者，实施层级的各部门和专业公司均深入建设和运筹工作一线，实时对接承包商、服务商，直接了解工程现场情况和运筹工作最新进展。

2. 管理层级

管理层级首先要将项目的总进度目标分解为可管理的进度目标，形成指导层的计划，作为实施部门安排工作的依据和检验偏差的标准。在大型复杂工程中，由于项目体量庞大、利益相关者众多、各项工作之间交叉界面多，管理层级需要对实施层级各部门进行协调、引导和控制。管理者往往同时接收多个部门上报的状态信息，结合自身从工程现场获取的第一手信息，对多个子系统的进度进行平衡，向实施部门输出控制信息，控制管理范围内的关键路线。一方面，通过上会、签批等方式及时监督和反馈，把控任务按照既定方向开展；另一方面，通过决策、协调等方式及时解决实施层级存在的瓶颈，推动任务前进。同时，管理层还要接收治理层级的信息和其他环境变化信息，并通过组织、管理、技术、经济等手段，将信息转化为实施层级可执行的控制信息。

3. 治理层级

治理层级在控制系统中承担决策职能。在大型航空交通枢纽工程的建设与运营筹备过程中，许多重要事项的决策都需要上升到治理层面，这些决策一方面通过审批程序进行，如《投运方案》《演练方案》《机场使用手册》《飞行程序》等重要文件均需要民航局审批通过后方可执行，审批过程中民航局会向管理层级主体输出控制信息（包括但不限于修改要求），由管理层级再行分解落实；另一方面通过发布政策制度和民航明传电报等文件进行。除此之外，治理层级在控制系统中承担协调职能。机场存在于特定的社会系统中，需要完成土地手续报批、基础设施工程建设(水暖电等)、交通工程(铁路、公路、轨道交通)等外围配套工程,才能实现机场的正常使用功能,提供公共服务。在这一过程中,建设领导小组(国家发展和改革委员会)和建设及运营筹备领导小组(民航局)作为政府治理组织主体,负责协调行业层面治理组织与政府部门、海关边检单位、社会基础设施投资单位之间的工作,统筹管理机场建设外围配套工程。

多主体任务集成与协调技术的实施需要并行团队的支持。大型航空交通枢纽工程项目各层级组织间协同工作,形成并行团队,各组织成员技能互补,致力于共同的绩效目标,并且共同承担责任,由此大大提高产品生命周期各阶段人员之间的相互信息交流,使团队的绩效水平远大于个体成员的绩效总和。

大型航空交通枢纽工程项目管理应当充分考虑多个主体的不同组织需求,在单个项目内厘清工作内容,确保建设运营顺利过渡,促进内部协同;在不同项目之间重点厘清与各投资主体所对应的各类工程项目相关的各种工作计划及在工程推进过程中的界面问题,明确各单位不同维度和阶段的职责,促进外部协调。内部协同和外部协调有效结合,消除组织内部和外部之间的隔阂,促进不同计划之间无缝衔接。

7.2.3　多源数据报告和集成技术

大型航空交通枢纽工程具有复杂的工程系统和组织系统、不确定的外部宏观与内部微观环境,这些使得工程信息具有来源多、数量庞大、类型多样、信息分散、动态多变的属性,本书研究采用线上与线下相结合的信息采集技术实现工程系统、组织系统实况进度信息采集与报告,依托项目管理信息平台实现多源信息的过滤、集成、平衡与应用。

线上的信息化模型和数据平台有助于多源数据报告和集成技术的实施。首先是数据的可视化,BIM 是基于先进的三维数字设计和工程软件所构建的"可视化"的数字模型,不仅包括建筑信息的三维模型,还有与之相关的、可利用的项目建设数据,推动可视化的深化设计方案优化和技术交底等工作,提高效率以及准确度。其次,数据的获取和使用需要有信息交互平台相支撑。BIM 协同管理平台是将 BIM 技术引入协同管理平台,将项目的各参与方及专业进行统一协调,通过协作配合以及资源共享,以期达到项目计划目标的最终实现。项目各参与方通过 BIM 协同管理平台相互交流、形成意见和决策,并反馈至项目建设,从而节约大量的讨论成本和时间。

除此之外还可结合 BIM 技术建立与项目建设过程相辅相成的信息系统。建立包含任务分解、进度安排和跟踪、资源分配、成本核算和分析功能的项目管理系统,辅助项目完成。建立工作流管理系统,监督工作量、平衡分派工作,促进人与计算机共同工作的自动化协调、控制和通信。建立群体决策支持系统,为同时同地、同时不同地、同地不同时、不同时不同地的信息交互提供支持。建立信息共享系统,通过计算机辅助项目管理信息系统,可以保证信息传递的准时性,有助于各方参与者及时进行沟通,迅速反应。

线下通过月报、周报会议制度,实现多源数据集成和处理。①建设与运筹进度管控月度报告反映《总进度计划》的执行情况,每一部分的内容按不同部门、不同单位划分,每个单位(部门)的内容按照飞行区、航站区、货运区、工作区等分区划分或者按标段划分。②专项进度计划双周管控报告反映《专项进度计划》的执行情况,主要包括专项计划完成情况和总体进展分析。北京大兴国际机场专项计划分为环航站楼交叉施工进度计划,航站楼前北侧区域人防工程、市政工程(道路、东南航管道)交叉施工进度计划,航站楼弱电机房土建施工与设备安装交叉施工进度计划,音视频系统集成项目土建施工与设备安装交叉施工进度计划,商业店面精装修与航站楼装修交叉施工进度计划,专项进度计划总体进展表中应针对每类专项计划记录计划完成、实际完成、实际未完成、占比等数据,并进行进展分析。③月中节点预警衔接前后两期总进度管控报告,根据月中的执行情况,预测各个节点当月的完成情况,主要应包括本月建设(或运筹)工作关键节点预警、剩余建设(或运筹)工作关键节点。④月报讲评报告基于工程进度管控绩效和月度报告,对综合进度管控进行月度讲评,以更精练的形式反映建设与运筹进度管控报告的核心内容。内容主要包括本月建设(或运筹)工作完成评价、下月建设(或运筹)工作关键节点、剩余建设(或运筹)工作关键节点和近期重难点工作。

7.2.4 多界面进度协调技术

大型航空交通枢纽工程、任务、组织界面协调复杂,在进度计划编制的过程中要考虑技术、组织、环境等多方面因素,时刻把握各类平衡关系,形成协调各方的进度综合集成,包括:编排合理的任务顺序,确保过程平衡;预控协调交叉作业,确保空间平衡;考虑工作界面和建设与运营的衔接,确保界面平衡。因此,本书在引入 WBS-Matrix 技术实现界面编码与集成的基础上,利用界面点网络系统分析技术通过界面点(Interface Points,IPs)识别、界面点优化及界面点的动态演化过程,形成多界面进度协调技术,厘清界面间逻辑关系(贾广社等,2018)。

大型航空交通枢纽工程项目的界面管理主要包括实体界面、合同界面和组织界面,界面划分需要遵循以下原则。①借鉴以往大型航空交通枢纽工程项目的历史经验。比如上海浦东机场三期扩建工程能源中心的设备调试与卫星厅的闭水时间是紧密关联的,同时能源调试时间与冬夏季节相关,因此将能源中心划归卫星厅工程部管理,可以减少土建与设备安装调试之间的界面。②注重整体的进度衔接,第一,通过系统及其环境分析法、关键线路类比法等方法对总进度目标进行论证。第二,在总进度目标前提下,按照单体工程的土建施工过程与专业设备的制作到货、安装调试过程等协调安排关键性节点。③要保证工作均衡,在保证总进度目标和施工界面正常运作的前提下,科学合理地安排各总控工序的资源使用情况,可在整个工期内降低资源需求的使用强度。④建设对接运营,为保证在使用过程中实现高品质、高效率的运营,需要提前做好各项运营准备工作,进行运营准备工作的集成管理,运营准备计划应与建设总进度计划一起,构成一个相互匹配、协调一致的计划体系。

界面点网络系统分析首先要进行界面点识别,在界面划分原则指导下,通过界面项目在任务过程层面上的两两碰撞,得到项目的任务过程界面点。从组织界面来看,同属一个部门管理的任务过程界面,其界面协调较为容易,反之则界面协调难度较大。根据界面点的碰撞矩阵结果,对按工程部门职责范围划分的项目实施分工进行调整优化,从而更有利于整体项目目标的协调推进。界面碰撞矩阵结果绘制的是指挥部各部门之间的组织界面网络(图 7-4),其中圆圈(Dxx)代表各个部门,线条粗细代表两个部门之间的界面点数量。显然,界面网络图中的外围边界线条最粗,外围圆圈又代表工程部门,说明工程部门之间存在的界面关系最多。

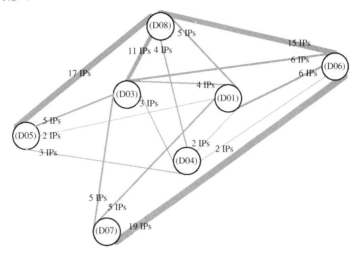

图 7-4　组织界面网络

在制订大型工程的每个界面项目的单项总进度纲要计划的基础上,对各个单项纲要计划之间的界面进行分析,得到单体项目间的界面点。然后,将各个界面点嵌入相关的单项纲要计划中,再整合所有的单项纲要计划,形成考虑界面点的总进度纲要计划。根据此思路,可以建立大型航空交通枢纽工程嵌入界面点的总进度纲要模型,见图 7-5。

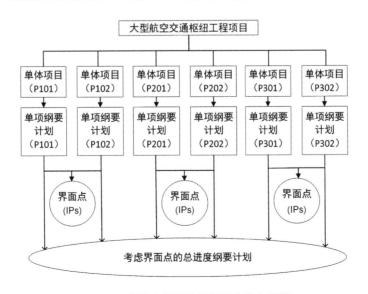

图 7-5　总进度纲要计划界面点嵌入模型

7.3 关键任务及风险评估技术

大型航空交通枢纽工程在项目建设的全生命周期中,前期阶段不确定性最高,可利用的信息相对较少,随着可利用信息的增加,项目不确定性逐渐降低。因此,不仅需要在项目实施阶段进行进度风险控制,更需要注重项目前期阶段的进度风险控制。大型航空交通枢纽工程具有两大特点,一是关键节点多、路径复杂,传统的关键路径算法已无法满足客观工程的需求;二是具有社会嵌入性,与外部政治、经济和制度环境息息相关,工程外部与内部环境的不确定性极大地增加了进度风险的可能性。基于此,本书提出针对大型航空交通枢纽工程全生命周期的关键任务及风险评估技术(Critical Mission Identification and Risk Assessment)。

1. 关键节点和路径分析技术

关键节点和路径分析技术,是指通过事件网络图反映各项工作的名称和时间参数、识别关键路径;通过梳理关键路径上的关键节点间关系实现对事件网络图的补充与完善,进而实现关键路径的动态演化。关键节点既是项目工期的约束条件,也是项目的重要建设内容。进度总控应以关键节点为管控抓手,分析关键进度问题,并从组织、管理、经济和技术角度为决策者提供解决问题的办法和措施。

关键路径分析的对象是项目建设过程中的各项内部工作。大型航空交通枢纽工程综合集成管控计划以总进度目标为基础,排列各项关键工作节点,形成主关键线路。分关键线路由一类关系密切的工作组成,便于了解该类工作的相互制约关系。主关键线路和分关键线路相互补充和制约,主要包括三类工作:①具有里程碑意义的工作,如工程竣工、试飞、综合模拟演练等;②不同单位的界面的工作;③重要报批或审批工作。

基于总进度计划生成的关键线路图可以全面反映各项工作的名称和时间参数。由于关键路径体现了项目关键节点及其关系,决定了项目最短完成时间,因此是控制总工期的关键,梳理关键路径中关键节点之间的关系可以对事件网络图进行补充和完善,进而动态演化出新的关键路径。

2. 多维度全周期风险管理技术

多维度全周期风险管理技术是指基于管理、经济、技术和社会的多维视角,对工程前期准备、竣工验收移交、运营筹备的全生命周期的风险进行识别、监控、应对和评价。

识别工程潜在的风险因素可以从管理、经济、技术和社会四个视角出发。管理风险是指因信息不对称、管理不善、判断失误等引起的风险,主要包括项目经理任用风险、项目施工管理风险;经济风险是指由于利率和汇率变动、供求关系变化等因素引起的要素市场变动,劳动力市场、材料市场、设备市场价格的上涨直接影响工程的成本,继而影响项目造价和施工企业的经济效益;技术风险是指由于施工技术、施工方案不当造成的风险,主要包括地质地基条件勘探不明确、水文气象条件等不可抗因素、设计变更、规范调整、施工技术协调不及时等因素；社会风险是指项目外部的政治与环境风险，如法规变化、许可要求变化、污染与安全规定变化等，均可能对项目造成影响。

多维度全周期风险管理技术通过构建风险识别模型，识别项目从工程前期准备到竣工验收移交、运营筹备整个过程风险因素，并提出风险应对措施和风险评估报告；在综合评估的基础上采取措施应对风险因素，由于各进度影响因素的显著性不同，项目建设时应重点管控对进度影响大的因素，通过进度敏感性分析找出敏感性高的影响因素，进度敏感性分析的第一步是分类识别出项目进度的机会因素、风险因素和不确定性因素等影响因素，第二步是对各类因素的影响权重进行分析，得出敏感性高的因素，以便后续管控时重点关注，加强资源配置，持续进行监督，由此将高风险因素的发生概率与影响程度降到最低；建立进度风险监控体系，将风险管理纳入工程项目管理体系当中，列出风险清单并绘制风险趋势变化图供决策者参考，及时追踪项目实况信息，做好进度风险控制工作，确保大型航空交通枢纽工程建设运营总进度目标的实现。

第8章 | 大型航空交通枢纽工程信息耦合关键技术

大型航空交通枢纽工程具有建设程序及组织系统复杂、交付标准严格等基本特征,项目信息协同共享对综合集成管控尤为重要,是各类工程界面的沟通协作基础,有助于实现工程建设项目管理的协同化、规范化。信息耦合技术作为项目决策、实施、控制的信息底座,通过 BIM 的全过程集成应用与工程管控实时协同平台,支撑信息生产、共享、管理体系的创建,以实现项目管理沟通交流的及时性与高效性。

8.1 信息集成耦合的框架与内涵

随着科技的不断发展,大型航空交通枢纽工程项目正变得越来越庞大和复杂,涉及多个领域、团队和众多的利益相关者,因此信息管理和集成变得至关重要。信息集成是将不同来源的数据、信息和知识整合到一个统一的系统中,以支持项目决策和执行。本节将提出一个信息集成耦合的框架,并探讨信息集成耦合的意义与内涵,旨在指导项目团队更有效地进行信息集成耦合。

8.1.1 信息集成耦合的框架

设计一个成功的信息集成耦合框架需要考虑多个因素,包括数据源、技术工具、安全性和标准化等,如图 8-1 所示。

(1)数据源识别与整合:确定项目中所有可能的数据源,包括不同团队、系统和外部的数据。建立数据整合策略,使不同来源的数据能够在同一平台上被有效整合。

(2)技术工具选择:选择适当的技术工具,包括数据仓库、数据处理工具(Extract-Transform-Load,ETL)、数据分析工具等。并且应确保这些工具能够无缝集成,以支持数据实时更新。

(3)安全性与权限控制:信息集成耦合涉及大量敏感信息,因此安全性是至关重要的。确保数据在整个集成过程中的安全传输和存储,并实施合适的权限控制,以限制对特定信息的访问。

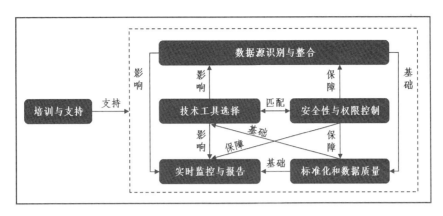

图 8-1　信息集成耦合的框架

（4）标准化和数据质量：制定标准化的数据格式和质量标准，以确保整合的数据是准确、一致且可靠的。建立数据质量监控机制，及时发现并解决数据质量问题。

（5）实时监控与报告：集成的系统应具备实时监控和报告功能，以便项目管理团队随时掌握项目的最新动态，这也为决策提供了可靠的数据支持。

（6）培训与支持：为项目团队提供培训和支持，确保他们能够充分利用集成系统。培训内容应包括系统的使用方法、数据输入和输出的规范等。

8.1.2　信息集成耦合的意义与内涵

1. 信息集成耦合的意义

大型航空交通枢纽工程项目信息集成耦合是指将大规模、多层次、多领域的大型航空交通枢纽工程项目所涉及的信息进行有机整合，以促使不同子系统之间的协同工作和数据共享。这种集成耦合对于大型航空交通枢纽工程项目具有重要的意义，主要体现在以下几点。

（1）全局优化：通过信息集成耦合，整个大型航空交通枢纽工程项目的决策过程可以更好地全局优化。不同子系统之间的信息耦合使得项目管理团队能够更好地理解整体状况，更精确地制订全局决策，提高项目的整体效能。

（2）风险管理：大型航空交通枢纽工程项目通常伴随着复杂的风险，这些风险可能涉及不同子系统。信息集成耦合使得风险信息能够在全局范围内传递和共享，帮助项目管理团队更好地识别、评估和应对潜在的风险，从而降低项目失败的风险。

（3）资源优化：资源的有效利用对于大型航空交通枢纽工程项目的成功至关重要。信息集成耦合使得不同子系统的资源信息能够互通，帮助项目管理团队更好地协调和优化资源的使用，确保项目各阶段都能得到必要的资源支持。

（4）实时监控与反馈：通过信息集成耦合，项目管理团队可以实时监控整个大型航空交通枢纽工程项目的状态。这种实时性使得项目管理团队能够在获得反馈后及时作出调整和决策,降低项目进展受阻的风险。

2. 信息集成耦合的内涵

大型航空交通枢纽工程信息集成耦合的内涵包括以下几个方面。

(1)数据整合:将来自不同子系统的数据整合到一个统一的平台,确保数据的一致性和可靠性,一般涉及数据格式的标准化、数据质量的监控等。

(2)系统集成:将不同子系统、模块或组件集成到一个整体系统中,确保各部分协同工作,一般包括硬件和软件的集成,以及接口的定义和管理等。

(3)信息共享:通过建立有效的通信和协作机制,促使不同子系统之间的信息共享,使得相关方能够更好地理解整个大型航空交通枢纽工程项目的状态和需求。

(4)实时监控:通过信息集成耦合,使得项目管理团队能够随时随地监控整个工程项目的进展和状态,及时发现和解决问题。

(5)决策支持:通过对集成的信息进行分析和挖掘,为项目管理团队提供决策的依据,确保决策的有效性。

8.2 BIM 全过程集成应用

大型航空交通枢纽工程项目在当今社会中扮演着至关重要的角色,涉及多个专业、各种复杂的系统和众多的利益相关者。为了高效管理大型航空交通枢纽工程项目,BIM 技术的全过程集成应用逐渐成为项目管理的核心。本节将从概念定义、BIM 应用阶段、BIM 标准体系、BIM 项目实施计划以及案例研究等方面深入探讨大型航空交通枢纽工程项目中 BIM 技术的全过程集成应用。

8.2.1 概念定义

BIM 是一种综合性的数字化建模方法,它在整个工程项目的生命周期内集成了建筑、结构、机电、暖通等多个专业领域的信息。

全过程集成应用强调的是在整个项目周期中,BIM 不仅仅是一种建模工具,更是一个信息共享和协同工作的平台,涵盖设计、施工、运营和维护等各个阶段。全过程集成应用的概念还涵盖了与其他工程管理工具和系统的无缝集成,以实现更全面的信息管理。这种集成不仅仅局限于技术的层面,还包括项目管理流程、沟通、决策和风险管理等方面。

8.2.2 BIM 应用阶段

BIM 技术是工程建设项目信息耦合的基础技术,支撑工程产品、进度、成本等管理领域的耦合,为工程建设产品数字化和跨阶段协同管控提供基础技术支撑,辅助数字化设计、施工及竣工交付的实施,提高工程建设质量和项目的综合管理水平,其基本应用场景见图 8-2 (CICR,2019;CIC,2021)。

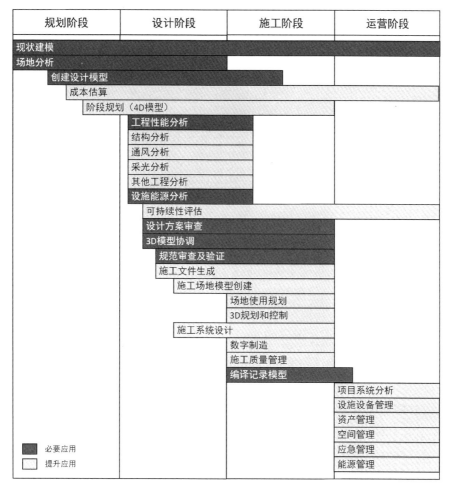

图 8-2　基于 BIM 的建筑产品多维建模技术应用场景

注：图片改自 *Building Information Modeling Execution Planning Guide*，*Version* 3.0，*CIC Building Information Modelling Standards — General*（*Phase* 1）。

1. 规划阶段

在规划阶段，BIM 可以用来进行可行性研究，通过构建三维模型，对工程进行经济、环境、社会影响等方面的综合评估，以便制订更为科学合理的决策。此外，BIM 还可以用于场地分析和规划，通过模拟地形、地貌、地质条件等，为设计团队提供详细的地形数据。

2. 设计阶段

在设计阶段，BIM 可以用来创建三维建筑模型，进行不同专业的协同设计，这有助于提高设计的精度和效率，减少错漏碰缺现象。各个设计团队可以在一个共享的模型中同时工作，实时查看和修改设计方案，从而降低冲突和提高设计的一致性。同时，通过 BIM，项目团队可以更直观地进行方案沟通和比选，提高决策效率。

3. 施工阶段

在施工阶段，BIM 的集成应用有助于实现设计和施工的衔接。施工团队可以基于 BIM

进行施工工序的模拟和优化,提前发现潜在的问题,并有效规划资源。此外,BIM还可以用于施工进度管理、成本管理和质量管理,通过模拟施工过程、利用详细的模型信息支持工程量和成本估算以及帮助团队识别和解决质量问题,确保大型航空交通枢纽工程的施工进度、成本和质量符合预期目标。

4. 运营和维护阶段

BIM在项目的运营和维护阶段也发挥着重要作用,可以用于进行设施设备管理、资产管理、应急管理等。通过将设计和施工阶段的信息与运营团队共享,建立设备和系统的数据库,可以提高设备维护的效率和准确性。此外,BIM还可以用于设施的改造和升级,通过模拟改造过程和评估改造效果,为改造和升级提供科学依据。

8.2.3 BIM 标准体系

大型航空交通枢纽工程涉及建筑专业、结构专业等多专业的众多参与方,受使用习惯、软件专业化等因素的影响,这些参与方往往使用不同的 BIM 软件进行设计、施工及运营管理。为实现多元信息的集成与耦合,各参与方需要借助通用的"语言"来实现信息共享及协同工作,保证建筑全生命周期各类信息的一致性及完整性。

BIM 标准体系旨在发挥这一通用"语言"的作用,是进行信息交互的基础。工程项目各参与方及相关 BIM 应用软件遵循这些标准,可以高效地进行信息共享及协同工作。BIM 标准体系由 BIM 数据标准与 BIM 应用标准组成,其中 BIM 数据标准包括 BIM 分类编码标准、BIM 数据模型标准、BIM 信息交换标准三部分(李建成,2015)。

分类编码标准主要解决信息如何分类及标识的问题,对建筑全生命周期的各类产品、过程及组织信息进行分类及编码,便于信息的存储及利用。建筑全生命周期涉及大量产品、过程及组织信息,为对这些信息进行有效管理需要对其进行系统性分类,并遵循一定的信息分类规则,赋予其身份标识。

数据模型标准主要解决信息采用的格式问题,旨在规定用以交换的建筑信息内容及结构,是建筑工程软件交换和共享信息的基础。

信息交换标准旨在规定建筑全生命周期信息交换的信息内容、传递流程、参与方,主要解决什么人在什么阶段产生什么信息的问题。在实际应用中,基于特定阶段、特定目的开发的 BIM 软件在执行 IFC 等数据模型标准时往往因缺少针对性的信息需求定义而无法保证数据的完备性与协调性。为提高信息交换效率,需要借助信息交换标准对 BIM 信息交换过程及信息内容需求进行清晰定义。

BIM 应用标准主要解决如何实现 BIM 具体应用的问题,例如在设计、施工、运维等各阶段 BIM 具体的应用怎样进行,包括这一领域的 BIM 设计标准、模型命名规则,数据该怎么交换、各阶段单元模型的拆分规则、模型的简化方法、项目该怎么交付及模型精细度要求等问题。

大型航空交通枢纽工程在制订 BIM 实施方案时,应根据工程项目实际应用需要提前确立适用的 BIM 标准体系,为信息共享与工作协调奠定基础。为真正解决 BIM 技术在工程全生命周期中应用的信息交互问题,《建筑和土木工程领域中的组织机构和信息数字化》系列标准提供了 BIM 实施的系统性规范,建议项目各参与方共同参与 BIM 实施。图 8-3 表明标准发展、技术进步与信息管理形式的精细化和复杂化,将使数字信息管理不断成熟,由协作产生的效益也将逐步增加[ISO 19650-1: 2018(E),2018]。

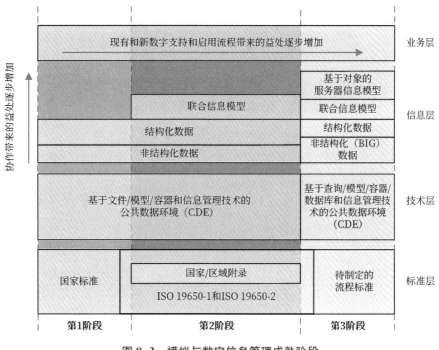

图 8-3　模拟与数字信息管理成熟阶段

注:图片改自 ISO 19650-1: 2018(E)。

8.2.4　BIM 项目实施计划

BIM 可用于工程项目的全生命周期,但在确定信息建模过程中所需的实施区域和详细程度时,必须考虑与附加值相关的技术以及培训和实施成本。项目团队不应仅关注 BIM 的一般性使用,而应明确具体的实施区域和用途。项目团队应致力于在最大化价值所需的水平上实施 BIM,同时最大限度地降低建模实施的成本和影响。因此,这就要求项目团队选择并详细规划适当的 BIM 实施区域。也就是说,为了有效地将 BIM 集成到项目交付过程中,团队必须为 BIM 实施制订详细的执行计划。

一个 BIM 项目执行计划(以下简称"BIM 计划")概述了总体愿景以及团队在整个项目中要遵循的实施细节。BIM 计划应在项目的早期阶段制订,随着项目新增参与者的加入而不断发展,并在项目的整个实施阶段根据需要进行监控、更新和修订。该计划应定义项目中 BIM 实施的范围,确定 BIM 任务的流程,定义各方之间的信息交换,并描述支持实施所需的基础设施,具体的 BIM 项目执行计划编制过程见图 8-4(CICR,2019)。

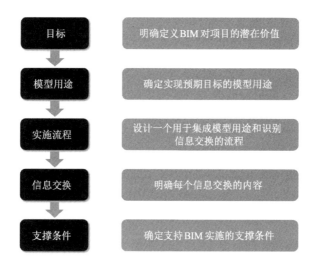

图 8-4 BIM 项目执行规划程序

注：图片改自 *Building Information Modeling Execution Planning Guide*，Version 3.0。

1. 设置 BIM 目标

规划过程的重要环节之一是明确 BIM 实施的总体目标，及其对项目和项目团队成员的潜在价值。这些目标可以基于项目绩效，包括缩短工期、提高效率、提高质量、降低变更成本或利用建筑产品的运营数据等。目标还可能与提高项目团队成员的能力有关，例如，业主可能希望将项目用作试点项目，以展示设计、施工和运营之间的信息交流，或者设计单位可能想要从中获得有效使用 BIM 软件的经验。

2. 模型用途的选择

一旦团队定义了可衡量的目标，就可以确定项目中 BIM 的具体用途。BIM 应用是项目上的特殊任务或程序，可以从 BIM 集成到某个过程中受益。BIM 用途包括：工程设计、4D 建模、成本估算、空间管理等，BIM 在全生命周期的用途已在图 8-2 罗列。团队应确定对项目有益并且合适的 BIM 用途及其优先级。

3. 制订 BIM 实施流程

在团队确定了模型用途后，就需要执行 BIM 实施策划过程的映射流程。首先应开发一个总体流程图，展示项目中主要 BIM 应用之间的顺序和相互作用，这使所有团队成员都能清楚地了解他们的工作流程如何与其他团队成员执行的流程进行交互。在开发了总体流程图后，应由负责每个具体 BIM 应用的团队成员选择或设计更详细的流程图。

4. 明确模型信息交换内容

制订了适当的流程图后，就应明确指出项目参与方之间发生的信息交流。对于团队成员，特别是每个信息交换事项的发送者和接收者来说，清楚地了解信息内容非常重要，可以利用信息交换表来定义用于交换的信息内容。

5. 确定支持 BIM 实施的支撑条件

在确定了项目的 BIM 用途，自定义项目流程图并明确 BIM 可交付成果之后，项目团队必须确定项目所需的支撑条件以支持 BIM 计划流程。支撑条件包括定义交付物、合同语言、沟通程序、技术基础设施,以及确定质量控制程序等,以确保信息模型的质量。

例如鄂州花湖机场在国家 BIM 标准的基础上编写了一系列项目专用的标准及规范,涉及民航、市政、房建等领域,涵盖了 29 个专业,包括 BIM 实施总体规划、BIM 实施技术标准、BIM 实施管理规范和 BIM 实施细则等方面内容,实现了机场工程信息的高效管理。

8.2.5　案例研究

1. 国内案例

鄂州花湖机场作为国内首个实现全过程 BIM 技术应用的机场,通过 BIM 技术引领数字化建造,实现项目全程采用"外部管控"+"内部管控"形式双重保障,制订完善的数字化技术审查要点流程体系,贯穿项目各个阶段,对 BIM 成果文件进行多次审查及协调。充分发挥 BIM 在项目全过程管理中的价值,构建项目工程管理平台,实现建设方对项目全过程的精细化和数字化管控,提出"全阶段、全专业、全业务、全参与"的总体要求,实现对前期规划阶段、设计阶段、施工阶段及运维阶段等全生命周期的数字化管控,对岩土工程、建筑工程、市政工程和机场工程等全部业态的数字化管控,对设计管理、工程管理、造价管理和合同管理等所有业务的数字化管控,以及对包括建设单位、设计单位、造价咨询、施工单位和监理单位等在内的所有参与方的数字化管控。

2. 国外案例

希思罗机场是世界上最繁忙的国际机场之一,每天服务数以千计的航班和乘客。为了适应未来的空中交通需求和提升机场的服务水平,希思罗机场进行了一项庞大的综合改造。在这个项目中,BIM 全过程集成应用成为推动项目成功实施的关键技术。

在设计阶段,希思罗机场采用了 BIM 技术进行多专业的协同设计。不同设计团队,包括建筑师、结构工程师、机电工程师等,可以在一个共享的 BIM 平台上进行协同工作。这使得设计团队能够更加高效地沟通、协调,减少设计冲突和错误。在施工阶段,BIM 技术帮助施工团队优化了工程进度、资源管理和质量控制。BIM 的集成应用涵盖了施工计划、工序模拟、现场布置等方面。在运营阶段,BIM 的集成应用主要体现在设备和设施的管理、运行效率的优化等方面。运营团队可以利用 BIM 来更好地管理和维护机场的各个系统。

在希思罗机场综合改造项目中 BIM 的全过程集成应用为项目的成功实施提供了强有力的支持。贯穿于项目的全生命周期,BIM 的应用使得不同团队、专业和阶段的信息能够无缝衔接,提高了项目的整体效能,降低了风险。这个案例为其他大型航空交通枢纽工程项目提供了有益的经验,展示了 BIM 全过程集成应用在提升工程项目管理效能方面的显著优势。

8.3　工程管控实时协同平台

随着大型航空交通枢纽工程项目的日趋复杂,项目团队需要更高效、实时的协同工作来确保项目的成功实施。工程管控实时协同平台应运而生,为项目团队提供了一个集成化、实时更新的数字化工作环境。本节将深入探讨工程管控实时协同平台的概念与总体架构、关键特征以及未来趋势。

8.3.1　概念与总体架构

工程管控实时协同平台是一种基于云计算和协同技术的数字化工作平台,旨在提供项目全过程的实时信息共享、协同工作和决策支持。它整合了项目的各个方面,包括设计、施工、质量控制、进度管理、资源分配等,使得项目团队可以更加高效地协同工作。

利用网络技术建立实时协同平台,将信息化孤岛连接起来创建协同信息流,可以促进项目各方之间的即时沟通和信息共享。基于 BIM 技术的数字化全周期协同管控平台能够使工程建设管理实现可视化和流程化,改善组织内协调与合作,支撑实时、高效的跨界面沟通与信息耦合,是项目集成管理的基础。

数字化全周期协同管控平台总体架构见图 8-5,主要包括基础层、数据层、应用层、平台层和用户层 5 个层级,在标准规范体系及安全保障体系的保障下稳定运行。

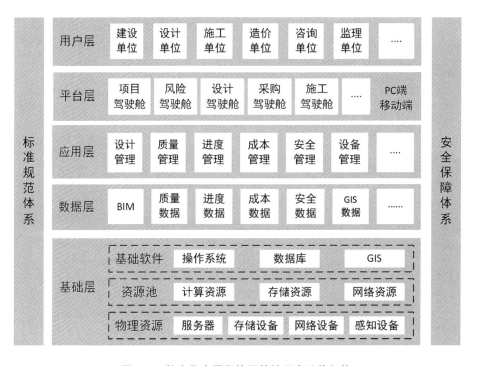

图 8-5　数字化全周期协同管控平台总体架构

基础层为平台整体运行提供软硬件支撑,包括算力、网络设备、服务器设备、存储设备、安全设备和感知设备等。随着网络技术的发展,云计算、云存储已成为可用的基础层布置方式。各类传感器、视频监控系统等感知设备为自动化实时数据采集提供保障。

数据层汇聚实施数字化全周期协同管控所需的各类数据,包括工程全周期的 BIM、质量数据、进度数据、成本数据、安全数据和基础地理信息数据等,形成项目管理数据库。

应用层依托于数据层与基础层,以 BIM 为基础,针对工程全周期各方面管理的实际需要,设计并实现相应的功能,如设计管理、质量管理、进度管理和成本管理等应用模块,实现在线协同工作。

平台层对接并集成应用层的一个或多个应用模块,可能涉及规划阶段、设计阶段、施工阶段和运维阶段中的一个或多个阶段,形成工程建设管理平台、智慧工地协同管理平台等子平台,并通过 PC 端、移动端向用户层开放。

用户层指与 BIM 实施相关的建设单位、设计单位、造价单位、咨询单位、施工单位和监理单位等参与方,根据工作实际情况设计组织准入权限及信息交互流程。

8.3.2　关键特征

1. 实时信息更新

平台能够对各种信息进行实时更新,包括进度、成本、质量等,以便各方能够及时了解大型航空交通枢纽工程项目的最新情况,并作出相应的决策和调整。例如在成本方面,平台能够实时收集项目相关的成本数据,如材料成本、人工成本等,并进行汇总分析。用户可以实时查看项目的预算,与实际成本对比,及时发现成本偏差。在进度方面,平台能够实时收集并更新各参与方的工作进展,如设计进度、施工进度等,形成统一的进度视图。不同参与方可以在平台上实时查看和更新进度信息,促进协同工作,确保项目按计划进行。

2. 多维度协同

平台能够提供多种协同方式和协同维度,以满足大型航空交通枢纽工程项目中各参与方的不同协同需求,从而提高协同效率和质量。例如在组织协同方面,通过平台,各方可以建立统一的项目组织结构和角色权限,实现任务和信息的发布、共享和反馈,确保各方在统一的平台上进行高效协同。在专业协同方面,大型航空交通枢纽工程项目中涉及多个专业领域,平台能够提供专业协同工具,支持不同专业之间的数据交换和共享,实现专业之间的无缝对接和高效协作。

3. 可视化展示

平台能够将大型航空交通枢纽工程项目的各种数据和信息以图形化、可视化的方式展示出来,帮助用户更直观地理解项目的状态和情况,从而提高管控效率和决策效果。例如在数据图表化方面,平台可以将大型航空交通枢纽工程项目的各类数据以图表的形式展示出来,如进度条、饼图、柱状图等。通过图表,用户可以更直观地了解数据的变化和趋势,从而更好地理解项目的进展和状况。在场景模拟方面,平台可以利用三维建模技术,对大型航空交通枢纽工程项目进行场景模拟,展示项目的实际效果和外观。用户可以在平台上进行漫游和缩放,从不同角度观察项目的细节和整体效果,从而更全面地了解项目的状态和情况。

4. 权限管理

平台可以精确控制不同用户对于项目信息的访问权限,确保敏感信息的安全性,同时保证项目团队成员能够获取他们需要的信息。例如在角色管理方面,平台可以创建多种角色,如管理员、项目经理、设计人员和施工人员等,并为每个角色分配相应的权限。管理员可以定义角色的权限范围,确保不同角色之间的权限分离。创建用户角色后,平台可以对不同用户角色进行详细的权限控制。管理员可以设置用户对平台上的操作和数据的访问权限,如读取、修改、删除等。通过权限控制,可以确保用户只能执行其所需的操作,并限制其对数据的访问权限。

5. 集成性

平台能够将各种工程相关软件、系统、数据源等进行集成,实现信息的共享和数据的互通,提高工作效率和协同效果。例如在数据集成方面,采用统一的数据模型,以便不同系统之间的数据能够进行互通和共享。这可以包括数据定义、数据类型、数据结构等方面的一致性,确保不同系统之间的数据能够无缝对接。在接口集成方面,平台可以提供标准的接口集成功能,将不同的软件、系统、数据源等通过接口方式进行集成。如平台可以集成计算机辅助设计(Computer Aided Design,CAD)软件、项目管理软件、质量管理系统等,实现数据的互通和共享。

8.3.3 未来趋势

1. 人工智能和大数据

实时协同平台将更多地融入人工智能和大数据技术,以提供更高级别的数据分析和预测功能,支持更智能的决策。例如借助人工智能技术,平台可以对海量的工程项目数据进行深度分析和挖掘,提取有用的信息和规律,为管理层提供智能化的决策支持。通过对历史项目数据的学习和预测,人工智能可以预测项目的发展趋势和风险,帮助决策者制订更加科学、合理的计划和策略。

2. 增强现实和虚拟现实

引入增强现实和虚拟现实技术,使得团队成员能够更直观地理解项目信息,提高沟通效果。通过增强现实和虚拟现实技术,项目团队成员可以在实际施工前对项目进行全面、直观的了解和体验。通过虚拟环境中的模拟施工,可以更好地理解项目的整体布局、施工流程和可能出现的问题,为实际施工提供更有针对性的指导和建议。同时,虚拟现实技术还可以模拟出难以在实际环境中操作的危险场景,为团队提供安全、高效的培训和演练。

3. 区块链技术

区块链技术可以为工程管控实时协同平台提供更高的数据安全性。通过采用加密技术和去中心化的存储方式,区块链可以确保项目数据不被篡改和泄露,保证数据的完整性和机密性。此外,区块链还可以增强工程管控实时协同平台中的信任机制。通过采用去中心化的存储方式和公开透明的数据结构,区块链可以消除参与方之间的信息不对称和信任障碍,促进参与方之间的合作和互信。

4. 移动端应用

对实时协同平台的移动端应用的需求将增加,使得项目团队能够随时随地获取项目信息,实现更加灵活的工作方式。例如,现场人员可以在日常的施工过程中进行工作记录,利用移动设备上的应用程序实时创建项目报告,包括项目的进度、存在的问题以及实施的解决方案,并且可通过添加图片、视频和注释来提供更详细的信息,从而做到施工信息可溯源并提高项目的协作效率和整体质量。

第 9 章

大型航空交通枢纽工程组织级项目管理成熟度模型

近年来,随着企业项目管理发展的需要,项目管理理论逐渐着眼于提高组织项目管理能力。项目管理能力是组织战略目标实现的重要保障,通过对组织项目管理能力的评估,识别出组织现状与未来发展目标之间的差距,通过不断改进,逐步提高和完善组织管理能力。项目管理成熟度模型为使用者提供了根据标准测评项目管理能力的工具,以测定组织目前的状态,并决定是否从事改进的计划。美国项目管理协会(PMI)对项目管理成熟度模型的定义是:它是评估组织通过管理单个项目和组合项目来实施自己战略目标能力的一种方法,它还是帮助组织提高市场竞争力的工具(美国项目管理协会,2009)。

大型航空交通枢纽工程组织级项目管理成熟度模型(Large-Scale Air Transportation Hub Organizational Project Management Maturity Model, LATHOPM3)是在 PMI 提出的组织级项目管理成熟度模型(OPM3)基础上,结合我国国情和文化、大型航空交通枢纽工程特点、现代工程管理要求和工程项目的实际情况,同时参考了国际上项目管理体系及相关评价体系进行的创新构建。它为航空交通枢纽工程建设组织提供了一个测量、比较、改进项目管理能力的方法和工具,通过评估组织管理单个项目和组合项目的能力,帮助组织实现战略目标。本章将在结合哈尔滨太平国际机场案例的基础上,从模型构建必要性、模型构成以及模型结构与机理三个方面展开阐述。

9.1 模型构建必要性

项目管理成熟度模型为使用者提供了根据标准测评的工具,识别出组织现状与未来发展目标之间的差距,通过不断改进,逐步提高和完善组织管理能力。在我国的大型航空交通枢纽工程领域中,上海虹桥机场工程公司应用项目管理成熟度,共测评了其建设单位、设计方、施工方等多家单位的项目管理能力。哈尔滨太平国际机场项目管理指挥部所应用的组织级项目管理成熟度模型是基于我国大型航空交通枢纽工程及项目管理特点,并针对建设单位进行设计,成熟度模型评价指标更加完善且具有针对性,并且在各参与方的共同努力下,模型的初步测评结果与实际工作情况基本吻合。

目前已开发的成熟度模型大约有五十多种,但大多由国外的学术组织研发,且主要针对 IT 行业、制造业等通用项目管理的评价(贾广社,2012),将其直接应用在中国大型航空交通枢纽工程项目组织中并不能取得很好的效果。

在我国大型航空交通枢纽工程建设过程中往往存在多项目并行开展现象,项目间相互关联、相互影响,复杂性和不确定性远超于单个项目管理,应从项目、项目群管理层面对项目和项目群统筹协调管理。在投资和运营阶段需要综合考虑指挥部与企业、政府和运营单位间的合作关系,共同对多个项目进行资源支持,确保项目符合组织的战略目标,因此需和项目组合管理进行结合,实现组织级项目管理。同时以其组织系统的复杂性作为组织级项目管理的组成要素,结合大型航空交通枢纽工程项目管理的特点,建议从组织级项目管理的角度对大型航空交通枢纽工程项目进行系统性分析,构建组织级项目管理成熟度模型。在积极引进国外优秀研究和实践成果的基础上,结合我国国情和大型航空交通枢纽工程的特殊性,构建符合我国大型航空交通枢纽工程的组织级项目管理成熟度模型,对大型航空交通枢纽工程项目管理能力进行评估、诊断和改进。

9.2　模型构成

大型航空交通枢纽工程组织级项目管理成熟度模型主要用于测评一个组织进行组织化项目管理的程度,主要由最佳实践和关键绩效指标(KPI)两个基本要素组成。在大型航空交通枢纽工程组织级项目管理成熟度模型中,最佳实践是实现有效组织项目管理的先决条件,通过制订适合于大型航空交通枢纽工程的项目管理能力评价指标体系,并由各评价指标反映最佳实践。大型航空交通枢纽工程组织级项目管理成熟度模型根据项目管理能力评价指标的不同类别,包括三类不同的最佳实践,分别是党务管理、组织驱动力和项目管理过程,在不同的项目全生命周期阶段、项目管理范畴、现代工程管理要求方面,针对每项最佳实践制订 KPI,通过直接测量或专家评估来测定组织项目管理能力达到的程度,为测评组织的成熟度提供有价值的参考。

9.2.1　最佳实践

最佳实践是指在某一领域内为完成某一特定目标于目前所公认的最优途径或方法(美国项目管理协会,2009)。每个最佳实践包含一系列能力,某些能力组成预示着对应的最佳实践可以实现。根据我国大型航空交通枢纽工程特征,可将最佳实践分为党务管理最佳实践、组织驱动力(OE)最佳实践和项目管理过程最佳实践三种。

党务管理最佳实践用于从党建工作、纪检工作、工会工作、审计监察和宣传工作五方面评价党务管理工作,以强化党建引领作用。

组织驱动力(OE)最佳实践用于加强组织的结构、文化、人力资源、技术等基础支持性方面,为项目管理过程的实施、项目管理过程能力的提升提供基础支持。根据大型航空交通枢纽工程建设单位项目管理实践需要，识别出组织项目管理成熟度在 OE 部分的最佳实践。

项目管理过程最佳实践指大型航空交通枢纽工程每个项目管理过程所对应的一类最佳实践，同时借助成熟度改进等级（SMCI），即标准级（Standard）、测量级（Measure）、控制级（Control）和改进级（Improve）对每类最佳实践进行分类，使其包含 4 个不同等级的最佳实践。

9.2.2 关键绩效指标（KPI）

成果作为组织具备某种能力的客观证据，意味着组织存在或者达到了某种能力，每个能力包含一系列成果。KPI 是定量或定性测定成果的衡量指标，通过直接测量或专家评估来测定成果是否存在或所达到的程度，是每项成果的测量手段。

当组织通过能力和成果的成功实施证明成熟度时，该组织实现了最佳实践。每个最佳实践包含一系列能力，每个能力又包含一系列成果，当组织证明符合所有能力时，即实现了一个最佳实践，当组织实现一个或多个成果时，则获得一项能力，最终通过可量化的 KPI 测度组织的能力，也即测度最佳实践的实现情况。

9.3 模型结构与机理

9.3.1 模型结构

大型航空交通枢纽工程组织级项目管理成熟度模型由五个维度组成。包括组织级项目管理能力评价指标体系、组织级项目管理范畴、全生命周期阶段、现代工程管理理念、成熟度改进等级（SMCI）。

1. 组织级项目管理能力评价指标体系

以哈尔滨太平国际机场为例，大型航空交通枢纽工程组织级项目管理能力评价指标体系包括党务管理评价指标、组织驱动力（OE）能力评价指标、组织级项目管理过程能力评价指标三个部分，共计 27 项评价指标，其组织级项目管理成熟度模型的组织级项目管理能力评价指标体系见图 9-1。

1）党务管理评价指标

为加强和坚持党对组织工作的全面领导，结合大型航空交通枢纽高质量党建特点和我国国情，增加包括党建、纪检、审计监察等模块在内的党务管理评价指标，强化党建引领作用，促进组织管理能力和项目管理过程工作的提升。

2）组织驱动力（OE）评价指标

组织驱动力（OE）评价指标是一种有效的工具，有助于组织识别问题、诊断问题、制定改进计划、监测和评估改进效果，提升组织绩效，并促进组织学习和知识共享。在 OPM3 的

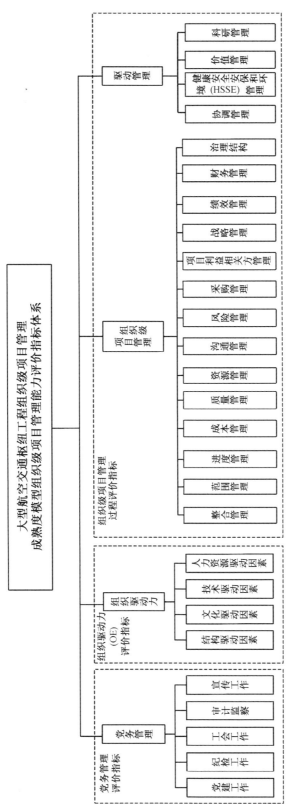

图 9-1　哈尔滨太平国际机场组织级项目管理成熟度模型的组织级项目管理评价体系

OE 最佳实践指标的基础上,结合大型航空交通枢纽工程项目管理特征完善组织级项目管理评价指标体系。例如哈尔滨太平国际机场在 OPM3 的 OE 最佳实践 18 项二级指标基础上,保留其中 17 项,将治理这一指标划分至组织级项目管理过程能力评价指标中。

3)组织级项目管理过程能力评价指标

参考《PMBOK 指南》(第 6 版)项目管理十大知识领域(美国项目管理协会,2017)、《PMBOK 指南》(第 7 版)价值交付理念(美国项目管理协会,2021)、《项目集管理标准》(第 4 版)的六大绩效域和支持活动(美国项目管理协会,2017)、《项目组合管理标准(第四版)》中的六大知识领域(美国项目管理协会,2019),并结合大型航空交通枢纽工程项目特征,哈尔滨太平国际机场将组织级项目管理成熟度模型中的组织级项目管理过程能力评价指标归纳为组织级项目管理和驱动管理两类。其中组织级项目管理指标与 OPM3 的组织级项目管理能力评价指标一致,包含十四个组织级项目管理领域。驱动管理指可持续地为组织级项目管理领域提供方法指导,支持并推动组织级项目管理进行的要素,包括价值管理、健康安全安保和环境(HSSE)管理、科研管理和协调管理。哈尔滨太平国际机场的组织级项目管理过程能力评价指标的来源和归纳见图 9-2。

2. 组织级项目管理范畴

组织级项目管理可分为项目管理、项目群管理和项目组合管理。

大型航空交通枢纽工程有机衔接融合多种交通方式、要素资源和复杂功能,所包含的项目类型复杂,对于不同的项目需要分别进行管理,即项目管理。对于单独管理所无法取得的收益的一组相关联的项目,则需要经过协调进行项目群管理。同时大型航空交通枢纽工程作为由政府和企业多家投资主体进行投资的大型建设工程,与组织环境包括政府治理、政策、组织文化有众多复杂的关系,需要识别项目集和项目之间的依赖关系,然后根据优先级来协调组织资源(例如人力、设备、资金等),即项目组合管理。哈尔滨太平国际机场则将组织级项目管理过程能力评价指标对应于不同的项目管理范畴,明确了各管理范畴对应的管理能力,见图 9-3。

3. 大型航空交通枢纽工程全生命周期——规投建营

大型航空交通枢纽工程通常会被组织划分为若干个阶段,分别由相应的部门进行管理,结合实际,将大型航空交通枢纽工程阶段按照规投建营一体化的现代项目管理理念,将机场工程全生命周期按照阶段划分,以便于对不同阶段的成熟度进行分段测评。

4. 现代工程管理理念——七化

根据民航局于 2021 年 11 月 30 日发布的《关于打造民用机场品质工程的指导意见》,为落实其提出的"四型机场"发展要求和"四个工程"建设要求,在"十四五"时期坚持工程理念传承与创新,将全面推行现代工程管理作为重要抓手,通过推进"七化"理念的落实,即建设理念人本化、建设管理专业化、建设运营一体化、综合管控协同化、工程施工标准化、日常管理精细化、管理过程智慧化,来推动现代工程管理的实践与发展。因此将成熟度模型体系与"七化"相结合,构建具有新时期特色的组织项目管理成熟度模型。

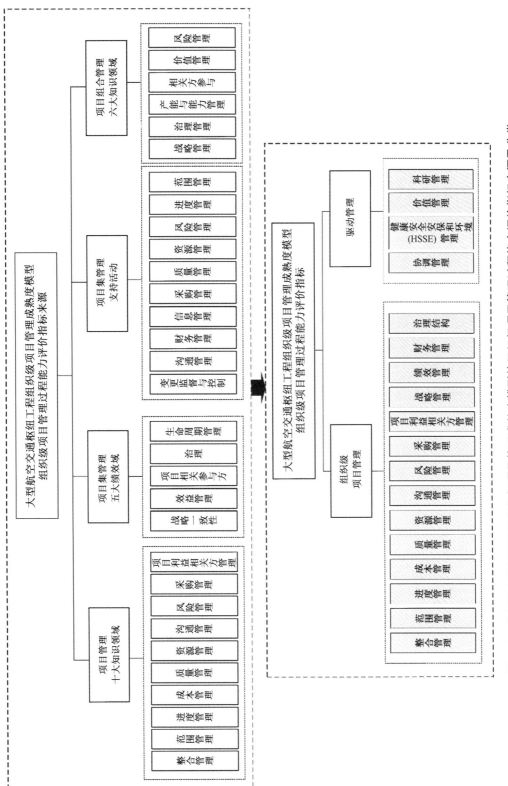

图 9-2 哈尔滨太平国际机场组织级项目管理成熟度模型的组织级项目管理过程能力评价指标来源及分类

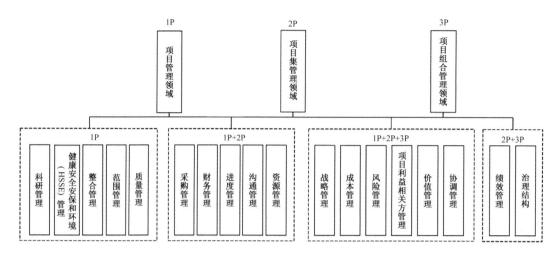

图 9-3　哈尔滨太平国际机场组织级项目管理过程能力评价指标与项目管理范畴的对应关系

5. 成熟度改进等级（SMCI）

按照 OPM3 模型划分等级的形式,按照实现和改进项目管理的步骤划分四个梯级,依次是:标准级、测量级、控制级和改进级,这四个等级构成一个连续闭合的管理循环,反映项目管理过程层面的最佳实践,从标准级到改进级,再从改进级到标准级,形成连续闭合的管理循环,不断改进组织项目管理能力。

9.3.2　模型机理

在利用大型航空交通枢纽工程组织级项目管理成熟度模型进行评估时,从第一维度即组织级项目管理能力评价指标体系出发,结合其他不同的维度,设计各能力评价指标下的最佳实践,考虑到最佳实践体现在不同的能力,进而表现为成果和 KPI,因此将 KPI 作为成熟度测评的最后一道工序,通过对 KPI 设置问题,使用者根据测评问题的内容和描述,对照自身项目管理工作情况进行评分,测评组织的项目管理能力。

成熟度评价的最后一步将采用变量度量法对 KPI 下设置的测评问题进行评分,1～5 分表示不同的成熟度水平,1 分代表没有实施;2 分代表部分实施,但没有相关的成果;3 分代表部分实施,有部分成果;4 分代表全面实施,但没有持续的成果;5 分为最佳实践值,即该项 KPI 对应的最佳实践已全面实施,且有持续的成果。通过专家评估获得组织级项目管理成熟度水平以及现代工程管理水平。哈尔滨太平国际机场组织级项目管理成熟度模型见图 9-4。

根据第一维度下组织级项目管理能力评价指标的类别,划分以下三类不同的评价指标。

1. 党务管理评价

首先从第一维度下的党务管理评价指标出发,将第二维度——三个项目管理范畴对应

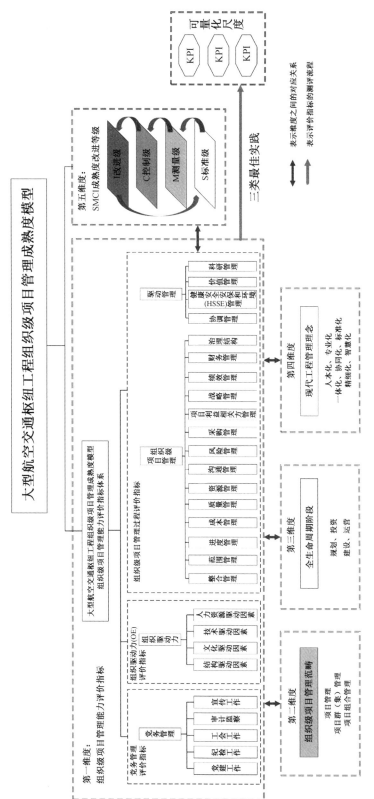

图 9-4　哈尔滨太平国际机场组织级项目管理成熟度模型

于不同的党务管理模块,并根据第三维度——全生命周期阶段和第四维度——现代工程管理理念,设计相对应的最佳实践,最终由最佳实践制订出可量化的KPI,即测评问题,根据测评问题展开党务管理成熟度测度。

2. 组织驱动力(OE)评价

将第二维度——三个项目管理范畴对应于四项OE评价指标,并根据第三维度——全生命周期阶段和第四维度——现代工程管理理念,得到各项OE评价指标对应的最佳实践,最终由最佳实践制订出可量化的KPI,即测评问题,根据测评问题展开OE成熟度测度。

3. 组织级项目管理过程能力评价

将18项组织级项目管理过程能力评价指标延伸到第二维度——三个项目管理范畴中,同时结合并根据第三维度——全生命周期阶段和第四维度——现代工程管理理念,并借助第五维度——SMCI的四个步骤将每一类项目管理过程评价指标进行分类,得出每个指标下的最佳实践,最终由相应的最佳实践制订出可量化的KPI,展开项目管理过程的成熟度测度。

哈尔滨太平国际机场的模型既可以得到在各项组织级项目管理能力评价指标下的组织整体项目管理成熟度,同时通过将以上三类评价指标对应的测评问题与第二维度——组织级项目管理范畴、第三维度——全生命周期阶段、第四维度——现代工程管理理念相对应,测度出大型航空交通枢纽工程组织在各项目管理范畴、各项目阶段的成熟度水平以及现代工程管理水平。

第 10 章

总 结 与 展 望

随着我国民航强国战略的实施,在大型航空交通枢纽建设取得巨大成就的同时,大型航空交通枢纽工程项目的规划设计、建设管理、运营筹备等工作也面临越来越多的挑战。

本书总结了我国大型航空交通枢纽工程的发展现状及特征,在分析我国大型航空交通枢纽工程项目管理发展趋势的基础上,借鉴国外现代工程项目管理经验,提出我国大型航空交通枢纽工程综合集成管控的总体框架,包括理论框架与实践框架。同时基于复杂性理论、系统论、控制论和信息论等基本理论,对大型航空交通枢纽工程进行组成要素分析和界面识别,进而提出以组织耦合、任务耦合、信息耦合为核心的大型航空交通枢纽工程综合集成管控技术,并借助大型航空交通枢纽工程组织级项目管理成熟度模型对工程项目管理能力进行评估并实现持续改进。整体研究的框架与内容见图 10-1。

从发展现状及特征来看,大型航空交通枢纽经历了新中国民航起步期、航空网络扩展期、改革开放发展期和巨变飞跃期的发展,已经建成投运了 10 个国际性航空枢纽和 29 个区域航空枢纽,整体呈现规模大型化、复杂集成化、高质量发展需求和数字智能化等特征。

随着机场建设由快速建设向高效益、高质量建设转变,高质量发展已成为大型航空交通枢纽工程项目管理的新目标,管控思想现代化、管控组织集成化、管控方法精细化和管控手段数智化等成为大型航空交通枢纽工程项目管理的发展趋势。为适应多种交通方式融合发展,有必要创新大型航空交通枢纽工程项目管理方式,实现多种交通工具、多种要素、多种资源和多种组织的完美融合,推动大型航空交通枢纽高质量发展。

借鉴国外的现代工程项目管理经验,可知项目管理进入价值驱动的 PM2.0 时代,高品质大型航空交通枢纽需要包括集成化信息网络、集成化管理组织、集成化管理过程和集成化交通方式等方面综合的集成与协同,而数字孪生、智能建造等新兴技术是支持大型航空交通枢纽工程项目高质量发展的关键动力,为我国大型航空交通枢纽工程项目管理提供借鉴。

大型航空交通枢纽工程是由多种不同类型工程组成的超大型项目群,其组成要素复杂多样,按项目类型可划分为机场场道工程、民航空管工程、航空供油工程等民航专业工程和高速铁路工程、城市轨道工程和公路工程等非民航专业工程;按组织类型可划分为中央政府、地方政府、民航局和军方等治理层级,建设管理组织、运筹管理组织等管理层级,施工总

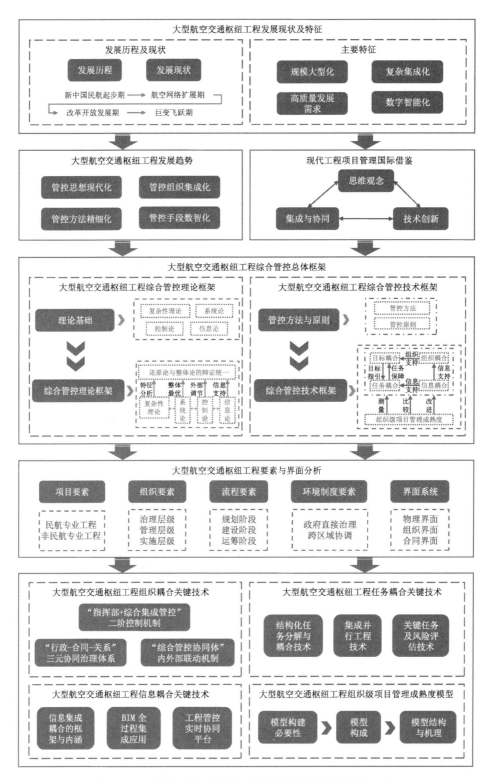

图 10-1　大型航空交通枢纽工程综合管控研究框架与内容

承包单位、监理单位、施工分包单位、材料(设备)供应单位及勘察设计单位等实施层级和金融组织、环保组织、专业协会、咨询机构及评估机构等第三方咨询机构;按建设流程可划分为投资规划阶段的新建机场选址、总体规划、计划、施工前准备,建设阶段的招标采购、建设施工、设备安装调试、竣工验收以及移交,运筹阶段的资源准备、资源检测、模拟演练和试运行等流程要素。

工程界面可以分为物理界面、组织界面和合同界面三个主要类别,物理界面可划分为建筑物或构件的实体界面和项目实施的项目阶段界面,合同界面即同一工程项目的各类合同间的相互制约和依赖,组织界面指的是参与工程建设项目的各方之间的相互关系和作用,涵盖贯穿于项目全生命周期中涉及的个人或组织之间的关系。本书提出了一个大型航空交通枢纽工程界面系统,该系统由相互关联的合同界面、组织界面、实体界面和项目阶段界面构成。有效的项目阶段界面管理将有助于避免出现各阶段割裂的情况,实现工程项目全生命周期的综合效益最大化和管理举措最优化。大型航空交通枢纽工程组织界面可划分为项目内、项目间、项目外三个层次,分别对应实施层级、管理层级与治理层级组织系统。工程合同界面分解取决于工程合同结构划分,参照责任分配矩阵的基本形式,可以制作工程合同界面分解表,梳理与明确合同界面划分与相关方责任。大型航空交通枢纽工程多维要素与制度环境错综复杂,其建设与运行存在着不确定性和高风险性。因此,大型航空交通枢纽工程建设过程中的多元组织协同、项目目标和任务统筹协调等综合管控尤为重要。

大型航空交通枢纽工程的综合集成管控即以机场建设为中心,以目标为导向,多组织多单位协同并进,采集、分析、处理项目实施过程中产生的各种信息,实现大型航空交通枢纽工程项目群管理中的各项任务的集成并行以及建设与运营的顺畅过渡。大型航空交通枢纽工程综合集成管控要坚持目标导向,价值引领;坚持上下协同,内外联动;坚持统筹推进,集成管控;坚持创新驱动,与时俱进。

本书提出的大型航空交通枢纽工程综合集成管控技术以目标耦合为指引,组织耦合为支持,任务耦合为保障,信息耦合为基础,综合多种技术,充分发挥参建各方优势,促进资源最优化配置,助力大型航空交通枢纽工程顺利建设,创造长远价值。借助大型航空交通枢纽工程组织级项目管理成熟度模型,对建设单位的项目管理能力进行整体评价,逐步提高和完善其大型航空交通枢纽工程综合集成管控能力。

大型航空交通枢纽工程组织耦合关键技术融合了中国情境下重大工程治理的优越性与项目总控的高效性,打破组织界面,实现各参与主体的协同共治,为项目管理提供组织基础和保障;任务耦合对各项任务进行分解,厘清任务间逻辑关系,集成并行各项任务活动,并对关键任务进行跟踪管控,为项目建设全生命周期保驾护航;信息耦合打破信息孤岛,为项目管理提供沟通交流的协同作业平台,利用网络技术建立信息平台,将一个个信息化孤岛连接起来创建协同信息流,可以为各主体之间信息交流的质量和数量提供保障;大型航空交通枢纽工程组织级项目管理成熟度模型作为一个概念体系,用于测评一个组织进行组织化项目管理的程度,并提供改进建议,以实现项目成功率和效率的最大化。

通过总结与分析大型航空交通枢纽工程综合集成管控的关键技术与评价模型,本书认为现阶段我国大型航空交通枢纽工程高质量项目管理可采取如下三种方式。若这些理念和方法能在更多的项目中得到应用与推广,将为我国大型航空交通枢纽工程的高质量发展提供更强大的支持。

1. 建立基于"指挥部＋综合集成管控"的二阶控制模式

由机场建设指挥部牵头,引入第三方管理咨询机构参与管控。第三方管控团队独立于指挥部存在,不直接参与决策和实施,但与现有项目组织进行深度融合,且作为信息汇聚点与多个组织层级进行信息交互,为大型航空交通枢纽工程项目管理层级提供多样化管理建议,提高管控效率。

2. 应用基于 BIM 的全过程集成管理技术

充分发挥基于 BIM 的建筑产品多维建模技术的操作可视化、信息完备性、信息协调性、信息互用性等特点,应用于项目的决策、设计、施工、运营的项目全生命周期,实现跨实体界面、项目阶段界面、合同界面与组织界面的沟通与协同工作,提高全生命周期内的工作效率和质量,降低风险和成本。

3. 应用大型航空交通枢纽工程组织级项目管理成熟度模型

组织级项目管理能力评价指标体系通过设计各能力评价指标下的最佳实践,进而制订可量化的 KPI,有助于组织评估自身项目管理能力,提供改进路线图,强调基准测定和绩效提高,扩展项目管理范围,从而帮助组织提高项目管理的能力和效果。

参考文献

［1］张国伍.交通运输系统分析[M].成都：西南交通大学出版社,1991.

［2］刘武君.综合交通枢纽规划[M].上海：上海科学技术出版社,2015.

［3］张国华.大型空港综合交通枢纽规划设计技术体系研究[J].城市规划,2011(4)：61-68.

［4］李巍.综合交通环境下高速铁路与民航的协同发展[J].铁道经济研究,2018(1)：18-20.

［5］国务院.国务院关于印发"十四五"现代综合交通运输体系发展规划的通知[EB/OL].(2022-01-18)
[2023-12-15].https://www.gov.cn/zhengce/content/2022-01/18/content 5669049.html.

［6］刘武君.虹桥十年：虹桥综合交通枢纽项目后评估[M].上海：同济大学出版社,2023.

［7］孙继德,苗洁如,贾广社,等.大型航空交通枢纽建设与运筹组织系统分析——基于北京大兴国际机
场案例[J].项目管理技术,2021,19(9;)：80-87.

［8］王红卫,钟波涛,李永奎,等.大型复杂工程智能建造与运维的管理理论和方法[J].管理科学,2022
(1)：55-59.

［9］科兹纳.项目管理2.0：利用工具,分布式协作和度量指标助力项目成功[M].北京：电子工业出版
社,2016.

［10］Project Management Institute. A Guide to the Project Management Body of Knowledge (PMBOK®
Guide) — Seventh Edition and The Standard for Project Management[M]. Newtown Square：Project
Management Institute,Inc.,2021.

［11］Project Management Institute. A Guide to the Project Management Body of Knowledge (PMBOK®
Guide) — Sixth Edition and The Standard for Project Management[M]. Newtown Square：Project
Management Institute,Inc.,2017.

［12］FISCHER M,ASHCRAFT H W,REED D,et al. Integrating project delivery[M]. Hoboken：John
Wiley & Sons,2017.

［13］中国民航局.民航局关于印发《打造民用机场品质工程的指导意见》的通知[EB/OL].(2021-10-
14).http://www.caac.gov.cn/XXGK/ XXGK/ZCFBJD/202111/t20211130_210331.html.

［14］PMI. The Project Manager of the Future：Developing Digital-Age Project Management Skills to
Thrive in Disruptive Times[EB/OL].(2018-09). https://www.pmi.org/learning/thought-
leadership/pulse/ the-project-manager-of-the-future.

［15］吴韵嘉,罗天豆.数字转型,绿色发展——中国建筑业2021回顾与2022展望[R].上海：鲁班研究
院,2022.

［16］GRIEVES M,VICKERS J. Digital twin：Mitigating unpredictable,undesirable emergent behavior in
complex systems[J]. Transdisciplinary perspectives on complex systems：New findings and

approaches，2017：85-113.

[17] 中国民航局.关于印发《中国民航四型机场建设行动纲要（2020—2035 年）》的通知［EB/OL］.（2020-01-03）. http://www. caac. gov. cn/XXGK/XXGK/ZCFB/202001/t20200110_200302. html.

[18] 于珊. 解读《智慧民航建设路线图》［EB/OL］.（2022-01-21）. http://www. gov. cn/zhengce/2022-01/21/content_5669773. htm.

[19] 浦东观察.上海机场发布推进数字化转型、智慧化发展规划"双驱动三步走"打造卓越全球智慧机场标杆［EB/OL］.［2022-07-07］. https://sghexport. shobserver. com/html/baijiahao/2021/03/15/383559. html.

[20] Computer Integrated Construction Research Group. Building Information Modeling Execution Planning Guide，Version 3. 0［M］. Pennsylvania：The Pennsylvania State University，2019.

[21] CIC BIM Standards Architecture and Structural Engineering（Version 2. 1-2021）［R］. Hong Kong：Construction Industry Council，2021.

[22] Organization and digitization of information about buildings and civil engineering works，including building information modelling（BIM）—Information management using building information modelling：ISO 19650-1：2018(E)［S］. Geneva：International Organization for Standardization，2018.

[23] 郭元林. 复杂性科学知识论［D］. 北京：中国社会科学院研究生院，2003.

[24] 赵光武. 深入探索复杂性［J］. 系统辩证学学报，2001(4)：1-2.

[25] 赛云秀. 项目管理中控制系统分析［J］. 建筑经济，2015，36(6)：36-39.

[26] 张君弟. 反思、重返与二阶科学：一场新型科学结构的革命？［J］. 科学学研究，2017，35(8)：1130-1135.

[27] 万百五. 二阶控制论及其应用［J］. 控制理论与应用，2010，27(8)：1053-1059.

[28] 孙继德，王广斌，贾广社，等. 大型航空交通枢纽建设与运筹进度管控理论与实践［M］. 北京：中国建筑工业出版社，2020.

[29] 傅祖芸. 信息论：基础理论与应用［M］. 北京：电子工业出版社，2011.

[30] 查先进. 信息分析与预测［M］. 武汉：武汉大学出版社，2000.

[31] 乐云，蒋卫平. 大型复杂群体项目系统性控制五大关键技术——项目管理方法的拓展与创新［C］//第八届中国项目管理大会. 中国优选法统筹法与经济数学研究会，中国投资协会，2009.

[32] 贾广社，牟强，盛楠. 大型机场项目群进度的界面网络优化［J］. 同济大学学报：自然科学版，2018，46(3)：416-422.

[33] 李建成，王广斌. BIM 应用·导论［M］. 上海：同济大学出版社，2015.

[34] 贾广社，陈建国. 建设工程项目管理成熟度理论及应用：一种提升与改进项目管理能力的途径与方法［M］. 北京：中国建筑工业出版社，2012.

[35] 美国项目管理协会.组织级项目管理成熟度模型(OPM3)［M］. 北京：电子工业出版社，2009.

[36] 美国项目管理协会.项目管理知识体系指南［M］.6 版.北京：电子工业出版社，2017.

[37] 美国项目管理协会.项目管理知识体系(PMBOK 体系)指南［M］.7 版.北京：电子工业出版社，2021.

[38] 美国项目管理协会.项目集管理标准［M］.4 版.北京电子工业出版社，2017.

[39] 美国项目管理协会.项目组合管理标准［M］.4 版.北京电子工业出版社，2019.

附录

部分大型航空交通枢纽工程综合管控实践

附录一 大兴机场综合管控实践

(一)机场概述

北京大兴国际机场工程是"十二五"和"十三五"时期的国家重点项目、北京市重大基础设施发展规划一号工程,是京津冀协同发展中交通先行、民航率先突破的重点工程。该枢纽工程总投资约 4 500 亿元,机场主体工程总投资约 800 亿元。其中,机场主体工程于 2014 年 12 月建设动工,机场项目包括本期、近期和远期的分期建设目标,本期目标按照 2025 年旅客吞吐量 7 200 万人次、货邮吞吐量 200 万 t、飞行起降量 62 万架次的目标设计。

北京大兴国际机场是国家发展的新动力源,以大兴机场为核心建立北京南部、京津冀"五纵两横"的立体化综合运输网络,打造民航、高速铁路、城际铁路、城市轨道、市域(郊)铁路、公路无缝衔接的"立体化交通";充分依托大兴机场外围发达的主干交通网络,加快打造以大兴机场为节点,集航空、高铁、地铁、公路多种运输方式于一体,带动促进京津冀区域的互联互通。与北京首都国际机场相互配合,打造南北两个大型国际枢纽并存的格局;以保障京南、雄安新区及京津冀城市群的出行需求为主,同时创造区域经济发展的新支点和新引擎。

(二)组织模式

北京大兴国际机场项目联合政府、行业力量,在建设和运营阶段成立了多层级的治理组织,主要包括:北京新机场建设领导小组、北京新机场建设与运营筹备领导小组、投运总指挥部、北京新机场建设指挥部,以及北京新机场管理中心。

1. 北京新机场建设领导小组

2013 年 2 月 26 日,国家发展和改革委员会根据国务院、中央军委关于北京大兴国际机场建设的批复要求,专门成立了由中央及地方政府部门组成的领导小组,负责机场建设过程中的重大事项协调解决和总体任务部署。

北京大兴国际机场项目由党中央、国务院审批同意,并由国家牵头和推动项目实施。在项目初期,成立了北京新机场建设领导小组,统筹协调中央和地方之间,不同省市之间,以及各城市和不同部门之间的关系。

北京新机场建设领导小组不替代有关部门的行业管理职能和新机场建设指挥部的工程建设组织管理职责,领导小组的主要工作职责有三点:一是管大事,即研究审定北京新机场总体规划、主要建设目标、年度工作计划和有关重大事项。二是抓协调,即协调新机场前期工作和建设过程中的重大问题,包括部门与部门、地方与地方、政府与企业之间以及涉及的军事设施迁建等重大问题。三是解难题,即研究解决北京新机场建设指挥部、有关部门和地方难以解决或存在分歧的重点难点问题。

北京新机场建设领导小组开展数次工作会议,研究决策了机场建设工作总体方案、综合交通方案、跨地域建设管理、项目用地、拆改和市政配套项目、南苑机场迁建、投融资方案、临空经济区规划等70余项重大事项,集中讨论当前急需协调解决的重点事项,并就下一步工作任务进行安排部署。各相关部门按照会议议定事项任务分工,做好工作部署。在项目前期,成立专门机构,指导协调新机场建设有关事项,进行了航站楼方案优化,组织开展了市政配套项目、综合交通方案、临空产业规划等研究;北京新机场三方协调及扩大会议机制逐步建立和完善,各部门打破常规、特事特办,在项目先行用地、噪声影响防治和水土保持等方面给予大力支持;对于机场建设与运筹工作中的指示与要求,民航局下达至首都机场集团,首都机场集团开展专题会议,落实领导小组的决策与部署,明确责任清单,北京新机场建设指挥部和管理中心制订具体工作方案并组织实施。自上而下紧密衔接的沟通机制,确保工作落到实处,问题可以得到有效解决,为加快推进工程建设与运营筹备工作发挥了积极作用。

2. 北京新机场建设与运营筹备领导小组

为保证北京新机场按时完成建设任务并顺利投入使用,民航局党组决定在原"北京新机场建设领导小组"基础上成立"民航北京新机场建设及运营筹备领导小组",全面负责组织、协调地方政府、相关部委以及民航局机关各部门及局属相关单位,统筹做好新机场建设运营筹备等各项工作。领导小组下设安全安防、空管运输、综合协调3个工作组。在领导小组的领导下,民航局授权首都集团公司,成立了投运总指挥部进行民航行业内的统筹工作。同时,为了顺利通过民航工程行业验收和取得机场使用许可,民航局成立民航工程行业验收和机场使用许可审查委员会进行协调。

民航局高度重视新机场工程建设和运营筹备工作。一方面,2018年8月28日,民航局召开北京新机场建设及运营筹备领导小组第二次会议,会议上发布了总进度管控计划,确定了"6月30日竣工验收、9月30日前投运"两个时间节点,会议明确要以"两个时间"节点为总目标,以总进度管控计划为牵引,有力、有序、有效统筹推进新机场建设及运营筹备的各项工作。另一方面,成立的"民航北京新机场建设及运营筹备领导小组",既突显了"建设运营一体化"理念,适应了新机场从工程建设为主转变为建设和运营筹备并进的形势要求,同时也充分体现出"举全局之力""举全民航之力"做好新机场建设和运营筹备工作的决心和信心。

3. 北京大兴国际机场投运总指挥部

为充分发挥首都机场集团公司、各建设及运营筹备单位在北京大兴国际机场建设及运营筹备过程中的主体责任和自身作用,确保北京大兴国际机场顺利按期投运,经民航局研究决定,授权首都机场集团成立北京大兴国际机场投运总指挥部,并由其负责牵头统筹协调北京大兴国际机场的投运工作。

投运总指挥部平时由执行总指挥、首都机场集团公司四个对接工作组牵头领导召集例行联席会及专题联席会,遇重大问题或进入投运后期时,总指挥将召集联席会议,落实投运总指挥部的任务清单,各单位明确责任人、确定完成时限,同时梳理各分指挥部任务清单并督办落实,确保与投运总指挥部任务清单目标一致,此外积极做好与其他组的对接与沟通,全力攻坚各项重点、难点事项。投运总指挥部联合办公室设在大兴机场运行指挥中心,承担投运总指挥部日常事务及具体协调工作。

4. 北京新机场建设指挥部

在北京大兴国际机场建设工作中,系统采用了矩阵组织结构模式,见附图 1-1。北京大

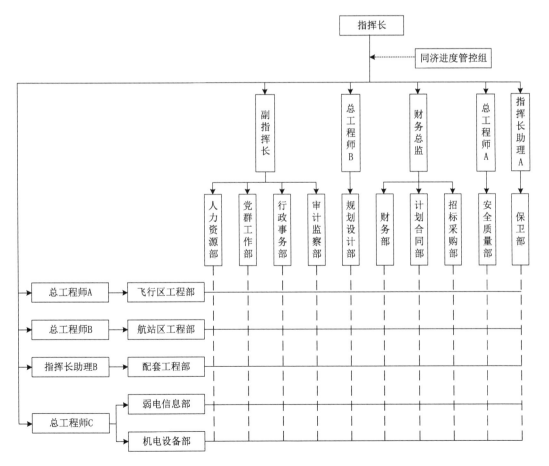

附图 1-1　北京大兴国际机场建设工作进度管理层级组织结构

兴国际机场建设指挥部将专业职能部门与项目任务有机结合,采用横向与纵向相结合的办法,有利于项目管理职权下移,形成精干高效的管控团队,便于工程建设管理的开展。

北京大兴国际机场的建设管理组织结构中,横向工作部门的分类参照了项目结构中功能区分类的内容,分别成立了飞行区工程部、航站区工程部和配套工程部,分别负责飞行区工程、航站区和货运区工程、市政配套工程,全场弱电工程由弱电信息部负责,全场机电工程由机电设备部负责。

纵向工作部门按照综合管理、安全质量管理、投资管理、采购管理分别设立规划设计部、安全质量部、计划合同部、招标采购部等部门,结合保障组织运作的基本职能,成立了人力资源部、党群工作部、行政办公室、审计监察委员会和保卫部等部门,为其他部门提供保障支持。

在矩阵组织结构中,每一项纵向和横向交汇的工作,因此其指令源为两个。为了避免纵向和横向工作部门指令矛盾对工作的影响,该项目采用横向为主的矩阵组织结构,即当横向工作部门的指令和纵向工作部门的指令发生矛盾时,以横向工作部门的指令为主指令。如纵向工作部门不同意横向工作部门的指令,则应由纵向工作部门提出,由指挥长协调。

5. 北京新机场管理中心

随着项目的进展,北京新机场管理中心的组织结构在不断演化。2016 年 10 月 20 日,首都机场集团公司成立了北京新机场运营筹备办公室,机构设在北京新机场建设指挥部,以统筹负责北京新机场运营筹备工作。2017 年 6 月,北京新机场建设指挥部在集团公司第一批选调 40 名人员基础上,成立运营筹备部,专职开展运筹相关工作,并持续补充人员。2018 年 7 月 23 日,行政主管部门批准运营筹备办公室变更为北京新机场管理中心,按照首都机场集团公司成员单位的标准进行管理,与北京新机场建设指挥部同级。同时,明确新机场管理机构内设部门职责和管理界面,对人员进行定岗定责,全面推进新机场运营筹备各项工作,北京新机场管理中心组织机构见附图 1-2。2019 年 2 月 2 日,首都机场集团公司

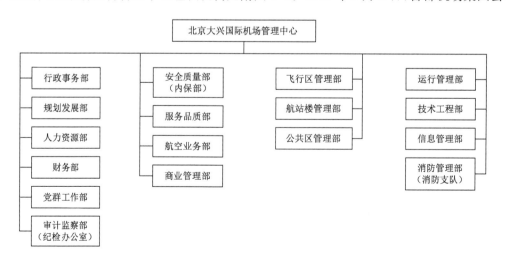

附图 1-2　北京新机场管理中心组织机构图

发布《首都机场集团公司北京新机场管理中心运营管理授权体系方案》,明确集团公司与北京新机场管理中心的关系定位,划分二者权责界面,为北京新机场管理中心在授权范围内代表集团公司履行机场管理职能,运营管理北京大兴国际机场奠定了法律基础。2019 年11 月 29 日,北京新机场管理中心更名为北京大兴国际机场,被授权开展北京大兴国际机场的运营管理工作。

北京大兴国际机场的实践表明,项目与运营之间的过渡涉及组织边界的跨越,伴随着组织结构的演变和职责的转移。以下将介绍北京大兴国际机场从项目前期阶段、项目建设阶段和运营阶段组织结构的具体演化,以及各阶段建设和运营组织的一体化程度和状态。

1)项目前期阶段

北京大兴国际机场在选址阶段,由国家层面各单位领导组成北京新机场选址工作协调小组;在可研与前期准备阶段,由国家层面各单位领导组成民航北京新机场建设领导小组,并由首都机场集团层面组成北京新机场建设指挥部。在项目前期阶段,顶层组织已经逐步建立,建设组织和运营组织在组织形态上是一体化的。

2)项目建设阶段

建设阶段组织结构包括国家层面、民航局和两地政府层面、首都机场集团公司层面和实施主体层面。在项目建设阶段,建设管理组织和运营筹备组织分别设立,虽然这些组织是独立的,但又互相渗透,相互关联。

3)运营阶段

"首都机场集团公司北京新机场管理中心"名称变更为"首都机场集团公司北京大兴国际机场"。首都机场集团公司成立的北京新机场建设指挥部仍然保留,用于统筹管理北京大兴国际机场的二期建设,与首都机场集团公司北京大兴国际机场形成了建设和运营的两套班子。在运营阶段,建设管理组织、运营管理组织和其他运营组织同属首都机场集团公司的成员单位,建设运营组织是一体化的。

大型机场项目的完成有赖于不同阶段的整合,以及众多异质组织的协调。而项目以时间为中心的临时性和与任务相关的相互依赖性,往往导致跨阶段、异质组织之间的目标、任务分配和优先事项的冲突,从而产生复杂的跨阶段、跨组织整合挑战。北京大兴国际机场贯彻"建设运营一体化"理念,创造性地实践了一体化顶层组织设计、产权一体化、专门的一体化组织设置、组织过程延伸机制、组织协调机制、领导双跨机制和岗位轮换机制,实现了时间边界和组织边界的跨越,颠覆了传统大型机场建设运营模式,更好地促进了北京大兴国际机场工程建设与运营的融合,这些经验为行业发展树立了标杆。

（三）管控模式

北京大兴国际机场工程作为我国机场建设的示范性工程,在大型航空交通枢纽建设、一市多场、异地建设等方面都有重要的指导借鉴意义。

1. 构建 5 个层次综合协调体系,形成多层级协同治理模式

北京大兴国际机场项目相关方众多,仅政府机构就涉及不同层次、不同省份和不同职能的政府部门,承包商和供应商更是涉及来自全国乃至全世界的上千家企业,管理协调的内容、专业和层次非常复杂。对此,指挥部提出以目标和问题为导向,以统筹协调为手段来推动问题的解决,构建了从中央到各承建单位的 5 个层次综合协调体系(附图 1-3)。为确保及时解决项目建设及运营筹备中的各项难点问题,还建立问题库机制,将需解决的问题及时入库并及时向各级协调机构反馈,依靠协调机构推动解决。

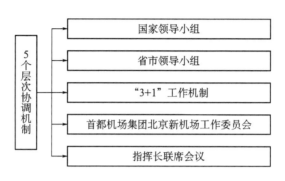

附图 1-3　五层次综合协调体系

一是,在政府层面,成立了"北京新机场建设领导小组";二是,在民航层面,民用航空局成立了领导小组,统筹解决行业内的事情。该领导小组与京冀两地政府建立了北京大兴国际机场建设三方协调联席会议机制,形成领导小组与政府部门对接的"3 + 1"工作机制,以及"一对一"会商机制。该机制能够协调解决涉及地方的重点事项,如项目征地拆迁、项目报建及基础设施保障等问题,同时对后期工程验收和项目运营也产生了积极作用。为充分发挥首都机场集团公司、各建设及运营筹备单位在项目建设及运营筹备过程中的主体责任和作用,确保项目顺利按期投运,民用航空局决定成立北京大兴国际机场投运总指挥部,负责具体协调建设和投运过程中遇到的需要各地方政府、各相关企业共同解决的问题,确保各方行动的一致性。

2. 以智慧建造支撑智慧运营,实现建设运营一体化

机场属于基础设施项目,项目建设归根结底是要为建成后的运营服务的,因此除了从时间、成本等项目建设角度考虑问题,还要充分考虑满足运营需求和旅客需求,即"四个工程"归根结底是为"四型机场"服务的。考虑成本、质量等要素时应将建设和运营这两个阶段统筹起来,即应从项目全生命周期的角度进行筹划,实现机场建设运营成本低、运行效率高、经营效益好、可持续品质化发展的目的。

对于大兴国际机场此类复杂巨系统,仅靠传统的建造模式和运营管理手段是无法在这么短时间内完成如此复杂的机场建设工作的,也无法实现机场的有效管理和运行,必须以最新的信息技术和智能技术作为支撑。为此指挥部在项目伊始就提出了"基于智慧技术的建设运营一体化"策略,即把基于智能建造的建设阶段和基于智慧机场的运营阶段统筹考虑,以智能建造支持智慧运营。项目策略确定后,指挥部在项目策划、计划乃至实施过程中不断通过各种渠道、各种方式向相关方宣贯"基于智慧技术的建设运营一体化"管理思想,并指导和支持相关方具体落实。

3. 以总进度综合管控为抓手,实现跨组织边界的动态管控

为如期实现"2019 年 6 月 30 日前全面竣工"."2019 年 9 月 30 日前开航"两大目标,2018 年 4 月底,中国民航局邀请同济大学,对北京大兴国际机场建设与运营筹备总进度进行综合管控工作。

《总进度综合管控计划》从 3 万余项工作中梳理出 16 条关键线,提取了"366＋8"个关键性控制节点,确定了剩余工程建设计划、验收准备工作及移交计划、运营筹备工作及接收计划、各相关专项计划,建立了风险预警体系,明确了北京大兴国际机场建设和运营筹备工作的"路线图、时间表、任务书、责任单",实现超越组织边界的科学项目管理,为实施工程动态管控提供了抓手。并建立信息化管控平台,实现管控指标的量化、可视化管理,推动管控工作高效实施。

《工程建设与运营筹备总进度计划》共包含 247 个关键节点(其中建设 112 个、运营筹备 135 个),详细作业 5 547 项(其中建设 2 831 项、运营筹备 2 716 项),关键问题与对策 7 类,移交接收一览表 113 项,进度跟踪问题 73 项,每月出具一期《北京大兴国际机场建设与运筹进度管控报告》,不仅客观、真实反映了 22 个部门、19 个专业公司当月关键节点完成情况、建设与运筹工作计划完成情况,还对下月关键节点及建设与运筹工作计划进行提前部署,特别指出了进度风险跟踪进展情况、近期工作重点难点问题,并提出了建议。经北京大兴机场指挥部、管理中心会同同济大学进行联合测算,大兴机场采用以同济大学作为第三方的总进度管控模式,直接节约工期 5 个月。

4. "总控＋专项"一体化设计方式,保证整体设计高效推进

大兴国际机场航站区由主体航站楼及综合换乘中心、地下轨道车站、停车楼、综合服务楼等多个项目组成。在建设方的统一组织下,航站区采用了一体化设计方式,即由主体设计单位承担全部项目设计,并统一组织专业单位进行各专项系统设计,轨道车站的总体布局、主体结构、旅客衔接也由总体设计单位依据轨道需求统一设计。一体化的设计组织保证了各项目之间,特别是航站楼和轨道车站之间在功能上和工程上都能紧密衔接、协同推进,减少航站区工程设计的外部接口数量,简化内部协调环节,加快整体设计进度。航站楼及综合换乘中心规模巨大、系统繁多,是最为复杂的建筑类型之一。在常规专业分工基础上,总体设计单位组织协调了包括市政道桥、轨道交通、旅客捷运、行李处理、信息弱电、绿色节能、消防性能化、屋面幕墙、大空间照明和声学、室内装修、标识系统、无障碍系统、座椅柜台、园林景观、公共艺术等多项专业设计或咨询,集合优质设计资源保证设计全方位的专业水准,并以清晰的设计界面和顺畅的协调机制,保证整体设计的高效有序推进。对于各顾问及外部专业系统设计单位,均有负责人以上的设计人员专人对接,保证各专业单位反馈信息的连续性。

航站楼设计采用了协同设计的方法,即由专业负责人总控,各分项系统都有专人负责从总体布局到材料构造的全部设计内容,利用协同设计平台在基础平面上进行即时同步设计,形成"多人同绘一张图"的工作模式,再由负责人将多个系统进行参照整合为一张完整的图纸。各个系统结合其自身的特点,采用二维或三维的设计方法,最终汇总在一个二维的整体参照文件内。

5. 应用项目管理信息化系统,实现建设过程智慧化管控

为了保证与各相关方的有效协作和沟通,实现对建设过程的有效管控,指挥部应用了多种信息化工具,包括工程信息化现场管理工具、北京大兴国际机场工程项目管理信息系统、飞行区数字化施工与质量监控系统、BIM、办公管理信息系统。尤其是北京大兴国际机场工程项目管理信息系统,可对合同、财务、工程概算、设备物资、文档、竣工决算等全过程实现统一管控,帮助指挥部对项目的进度、费用、质量等方面进行跟踪管理、统计和综合分析,实现所有相关方在统一的项目体系、组织责任体系、进度控制体系、资源管理体系之上的有效协同。

附录二　上海机场综合管控实践

（一）机场概述

上海一市两机场,拥有上海虹桥国际机场、上海浦东国际机场两座大型民用机场。其中,上海浦东国际机场定位为国际复合型门户枢纽(国内三大门户复合型枢纽机场之一),主要负责国际航线及国内航线的中转配套;上海虹桥综合交通枢纽(以下简称"虹桥枢纽")以境内点对点运营为主,主要服务长江三角洲和东亚日韩港澳台。

"十三五"期间,上海机场建设指挥部承建两场改扩建及定日机场工程共33项(其中市重大工程5项,进博会保障项目10项),建成21项(其中市重大工程4项,进博会保障项目9项),累计完成投资约230亿元。"十四五"期间,上海机场将主要承建浦东机场四期扩建工程及南通新机场工程等分布于"多地域多机场"的重点项目约16项,涉及项目总投资约1 500亿元(其中南通新机场总投资暂估约560亿元)。

（二）组织模式

1. 上海机场建设指挥部

上海机场建设指挥部由15个部门构成,包括办公室、组织人事部、纪律检查室(法务审计室)、计划财务部、质量安全管理部(总工办)、采购合约部、设计管理部、信息设备部、飞行区工程部、浦东航站区工程部、虹桥综合工程部、浦东综合配套工程部、捷运工程部、定日机场建设指挥部以及南通机场建设管理公司。组织结构见附图2-1。

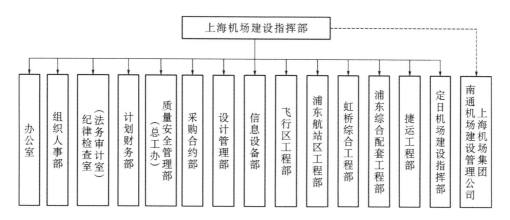

附图2-1　上海机场建设指挥部组织结构

各部门职责如下所示:

(1)计划财务部:发展计划、组织绩效、投资控制及进度、结算、土地、固定资产、资金、财务、会计核算及税务。

（2）采购合约部：采购需求及计划、采购标准、组织采购招标项目、合同。

（3）设计管理部：规划、项目前期、配合设计招标及合同、设计变更、工程档案、科技管理。

（4）质量安全管理部：工程标准化、工程质量、工程安全、环境保护、文明施工、工程界面、工程监理管理、验收移交、奖项申报。

（5）信息设备部：负责所辖机电信息系统项目设计工作，配合采购招标管理，系统建设、变更、结算、验收、移交、档案管理，信息技术支持。

（6）各工程部：负责所辖工程施工图内审、设计交底，配合工程采购招标管理，施工管理，工程协调，工程变更、结算，工程验收及移交，档案管理，科技管理，配合开展立功竞赛。

2. 推进上海航空枢纽建设联合领导小组

推进上海航空枢纽建设联合领导小组是由中国民用航空局与上海市政府联合设立的跨部门、跨领域的协同机制，成员涵盖了多个国家部门、军队以及上海市的相关负责人。该机制确保了领导小组在推进上海航空枢纽建设时能够全面考虑、科学决策，凝聚各方智慧和力量。

该领导小组的主要任务是规划、指导、协调和监督上海航空枢纽的建设与发展。这不仅包括基础设施的建设和完善，如机场扩建、航线优化等，还涉及航空产业的创新发展、服务质量的提升以及与国际航空枢纽的对接等方面。

作为全国航空业"部市合作"的典范，该领导小组注重发挥各方的优势，形成合力。在领导小组的推动下，上海航空枢纽建设取得了显著成效，不仅提升了上海作为国际航空枢纽的地位，也为我国航空业的快速发展和对外开放作出了重要贡献。

（三）管控模式

上海机场在大型航空交通枢纽工程综合集成管控实践过程中，形成了一些经验。这些经验对于超大型、综合型项目群管理，尤其是综合枢纽工程项目，具有相当的借鉴意义。以上海虹桥机场为例，主要总结为以下几点。

1. "一个大会+三个平台"，推进进度、设计与施工的协调

虹桥枢纽的开发建设涉及大量的沟通协调。在协调机制方面，最成功的经验是"一个大会"和"三个平台"。

1）枢纽工程建设指挥部大会

对于虹桥综合交通枢纽工程，虹桥枢纽指挥部高层开展工作的重要方式是召开大型指挥部工作会议。会议由总指挥或副总指挥召集，全体成员单位、相关投资主体、相关建设单位或其他相关单位参加。大会视需要不定期召开，从 2006 年工程开始至 2010 年工程投入运营，共召开 11 次大会，会议的频率较低。虽然大会参加单位多、规模庞大，但大会始终追求高效率，一般半天时间即可完成。大会主要议题包括：总结各项工程征地拆迁、报批、设计、施工、或运营准备等工作总体开展情况，组织政府相关部门协同解决工程建设中发现的或预见可能发生的全局性问题和重大问题,协调重要事项,并对下一阶段枢纽工程建设进行总体部署和安排。

　　一般会议现场就重大矛盾进行协调、重大问题进行决策,并下发由指挥部编制的或定期调整的总进度纲要、综合工作计划和运营准备工作计划。对极个别不能当场解决的问题也需设定解决思路和明确解决日期。除大型工作会议外,领导层还视需要召开各种专题会议,解决相关专项问题。

　　2)建设进度总控平台

　　基于枢纽工程特点和对管理的要求,需构建以进度计划为抓手的建设进度总控平台来推动整体工程开展。平台由两部分组成,一部分为建设进度计划体系;另一部分为进度跟踪控制体系。

　　建设进度计划体系是以平衡后的由指挥部编制的枢纽工程总进度纲要为核心,由相关投资方(包括枢纽工程本身投资方和外围相关配套工程投资方)编制它们所投资工程的总进度规划,由设计单位、施工单位、设备供应单位等其他参与方各自编制的具体进度计划,共同构成一个互相配合的、分层次的和有机的多层立体体系。总进度纲要是指导组织枢纽工程推进的纲领性文件,处于进度计划体系的最高层面,是指挥部对工程建设进度的总体部署。在编制总进度纲要时,必须从不同方向(从上到下、从下到上、同层之间等)梳理和反映出工程推进中亟须解决的重大问题和矛盾,提请指挥部进行协调和平衡,及时采取措施化解矛盾。另外,考虑到枢纽工程项目建成后的移交接管以及运营管理和组织协调任务艰巨,运营准备工作与工程建设工作需并行开展,因此在建设进度计划体系中同时统筹考虑运营准备工作进度计划,并与工程建设进度计划相匹配。

　　进度跟踪控制体系是一个互相配合的、分层次的和有机的多层立体体系。最高层次为指挥部对进度的跟踪控制,围绕总进度81个纲要节点,实施动态跟踪管理。指挥部在汇总和检查复核各投资主体所报工程进度情况的基础上,通过综合分析每月定期编制《上海虹桥综合交通枢纽工程进度月报》。其他各投资主体或建设单位围绕其编制的总进度规划及其关键性控制节点进行动态进度跟踪控制。大部分投资主体和建设单位也每月定期编制进度跟踪控制月报,例如,上海机场建设指挥部每月定期编制《上海虹桥国际机场扩建及相关工程进度跟踪与管理月度报告》,运营准备单位对其编制的总进度规划及其关键性控制节点进行跟踪控制,上海虹桥国际机场公司(运营单位)编制《上海虹桥国际机场扩建工程运营准备工作进度跟踪与管理月度报告》。除了每月定期编制月报外,进度跟踪控制体系还包括由指挥部召开的指挥部大会机制、每月进度例会和按需不定期召开的各种进度专项会议,分层次解决进度问题。

　　3)设计协调管理平台

　　虹桥枢纽工程作为一个大型综合性交通枢纽工程,在规划设计时引入新颖的规划设计理念,集思广益、精益求精;对规划设计的管理也引入了创新的管理模式。枢纽系统包含的内容非常广泛,每时每刻都在产生巨大的信息量。同时,枢纽工程分属不同的投资主体,在组织项目设计过程的时间和空间上存在着很大的差异,会造成项目在时间和空间上的不协调。如按普通项目的设计模式,任由不同投资主体自行设计,可以想象枢纽最后的作品呈现可能是"建筑博览会",很难有统一的形象。枢纽的建设迫切需要建立一种不同以往普通项目的机制来统一协调规划设计工作,并解决设计过程中出现的问题。指挥部一开始就认识到这个问题,明确要求虹桥枢纽工程必须"统一规划、统一设计、统一建设"。

由此,主体投资单位上海申虹投资发展有限公司(以下简称"申虹公司")委托了上海市政工程设计研究总院(集团)有限公司作为整个枢纽工程的总体设计单位,负责对枢纽工程项目进行总体设计和总体设计管理;另委托华东建筑设计研究院作为交通核心区建筑的总体设计单位,负责对核心区工程项目进行总体设计和总体设计管理。此做法打破了以往普通项目"单一业主、单一工程、单一功能"的模式,而是以综合交通功能最优为基本目标,把多个业主的多个工程项目组合整合在一起,形成一个功能全面互相衔接的整体。

指挥部设总工程师办公室(以下简称"总工办"),具体负责枢纽工程的规划设计管理,两家总体设计单位在总工办的领导下开展总体工作。总工办与总体设计单位共同搭建了虹桥综合交通枢纽规划设计平台,这是由总工办直接领导、由总体设计单位牵头运作、枢纽内各个项目的规划和设计单位共同参与的公共工作平台。设计平台运作获得了各相关投资主体和建设单位的支持,在这一平台上,各设计单位既有权利也有义务,实现枢纽规划和设计层面信息共享。

4) 施工协调平台

由于枢纽工程项目的复杂性和综合性、不同项目界面之间的复杂性、参与单位数量多等因素使得枢纽工程在建设过程中很容易产生各种冲突和摩擦,尤其是界面问题。在3年多的施工时间内,枢纽工程的大大小小参加单位达到上千家。由于涉及的项目利益相关者数目众多,致使施工协调工作特别是施工界面协调工作非常繁杂,具有很强的综合性和统筹性。因此,为了保证各参与方能够有效完成各自的工作以实现共同的项目目标,施工协调管理特别是施工界面协调管理是一项非常重要的工作,而施工界面协调管理活动的顺畅开展则是需要通过一系列科学的协调管理机制予以实现的。完善的协调管理机制,不仅可以确保工程项目施工协调管理工作更加规范化、制度化,还能提高工程项目组织的工作效率和敏捷度。通过建立以界面协调管理为重点的施工协调平台有助于工程项目各参与方之间、及项目与外部环境之间的协调合作,优化资源配置,提高项目建设整体效率,成功地实现项目整体目标。

针对施工复杂性,面临多线条和多方面的施工协调难题,虹桥综合工程部以界面协调为重点,建立基于会议的协调机制。根据需要解决的问题性质,召集投资主体、建设、设计、施工等相关单位,组织不同层次的协调会议进行决策解决。所有的协调会议要求高效率地举行,比较重要的会议有指挥部办公室相关领导出席,除特殊情况外,会上要做现场决策。协调会议有定期召开和不定期召开两类;协调会议也可由相关单位提出和发起,在获得指挥部办公室批准后召开专项协调会议。

施工协调会议召开次数超过千次，主题多种多样，包括大临布置协调、施工场地借用协调、施工界面协调、管线穿越协调、大临退场协调等。有些疑难问题需召开多次会议来协调解决，如京沪高速铁路公司投资建设的高铁车站与由申虹公司投资建设的地下出租车道和楼前高架西段的施工界面，专门召开 10 多次协调会议。

2. "工程代建＋委托建设"，落实专业化规范化建设

申虹公司负责投资建设的工程项目通过工程代建和委托建设管理，实行专业化规范化建设，有利于控制投资、提高投资效益以及管理水平。

申虹公司负责投资的枢纽交通中心工程属于核心建筑体重要组成部分，而由上海机场集团投资建设的虹桥机场 T2 航站楼也同属于核心建筑体，也是枢纽一体化交通功能板块，它们不仅建筑上相连而且功能一体化。快速集散系统和地面市政道路工程中的围绕枢纽交通中心部分也与枢纽交通中心工程紧密相连，密不可分。枢纽交通中心工程、快速集散系统和地面市政道路与枢纽交通中心工程紧密相连部分统一由虹桥机场 T2 航站楼的建设单位——上海机场建设指挥部进行建设管理，有利于统筹设计和施工。这样不仅能够保证功能对接一致，而且能确保规划和设计上符合统一要求，施工上还可统筹安排。实践结果证明，选择上海机场建设指挥部负责建设管理不仅大大加快了工程建设进度、缩短了工期，而且集约化的建设管理使得建设投资保持节约、质量保持优质。

另外，枢纽综合配套工程也因量大、种类多、复杂及建设时间短，需要选择市政建设方面具有强大实力并且拥有丰富经验的代建单位进行建设工作。最后选择上海市建设工程管理公司作为枢纽综合配套工程的代建单位，该代建单位同样顺利地完成了代建任务，赢得了各方的认可。

3. 采用施工管理总承包，加强施工单位协调管理

上海机场建设指挥部受托对枢纽交通中心工程及相关建设项目进行建设管理后，承担的建设任务变得极为复杂，在施工阶段所需管理的施工承包单位众多。能否对这些施工承包单位进行有效的管理，关系到工程能否顺利实施。上海机场建设指挥部采用现代项目管理手段，通过施工管理总承包单位来加强对各施工承包单位的协调管理，进而保证了枢纽交通中心工程及相关建设项目的顺利实施。

枢纽交通中心工程及相关建设项目设计单位和施工单位较多，存在的配合关系较复杂，无论从设计角度还是从施工角度，如果没有一个统一的协调单位，设计与施工的衔接就容易脱节，造成工期的延误，以致影响到总体进度。从施工角度来看，施工管理总承包能够充分发挥总包企业的管理和技术优势，提前参与设计阶段（包括初步设计阶段）的有关工作，从施工管理及施工工艺的角度对设计提出优化建议，做好设计及施工的衔接、协调。因此对于交通中心及相关建设项目这类综合性工程建设，需要一个好的施工管理总承包单位做好与设计的协调工作。施工管理总承包单位——上海建工集团具有长期从事大型工程总承包施工的丰富经验，为枢纽交通中心工程和相关建设项目派出强而有力的领导班子及具有丰富经验的工程施工管理的专业人员。

施工管理总承包模式在枢纽交通中心工程和相关项目建设中起到非常重要的作用,施工管理总承包单位(作为"乙方")与申虹公司(作为"甲方")和上海机场建设指挥部(作为"受托建设管理方")签订三方合同,对负责工程范围内所有专业施工(或供货)承包单位协调管理。施工管理总承包单位不承担具体施工任务,主要进行施工的总体管理和协调,不与分包单位和供货单位直接签署施工合同和供应合同,这些合同都由申虹公司和上海机场建设指挥部负责签订。虹桥枢纽工程施工管理总承包模式组织结构见附图 2-2。

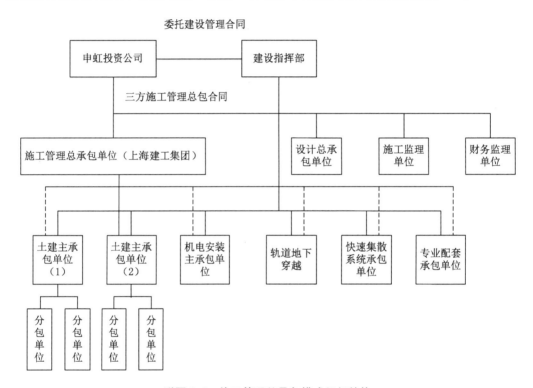

附图 2-2　施工管理总承包模式组织结构

4. 建立"两组一中心",推动工程质量的监督与把控

为保证工程质量,设立了"两组一中心",即监理督导组、专家顾问组和工程质量检测服务中心。监理督导组专门检查、考核监理的工作质量。专家顾问组为工程管理提供咨询,参与重大方案讨论、发现问题、提出建议。工程质量检测服务中心通过与行业协会合作,确定五六家单位组建工程质量检测服务中心,现场服务。

附录三　天津机场综合管控实践

(一) 机场概述

在"十四五"规划中,天津滨海国际机场的战略定位总结为:"一中心,两枢纽",即建设成为国际航空物流中心、区域枢纽机场、国家综合交通枢纽。为落实京津冀协同发展战略,提高天津机场综合保障能力,完善天津市综合交通运输体系,促进区域经济社会发展,天津机场将进行三期改扩建工程。

天津机场三期改扩建工程总投资 188.62 亿元,按照年旅客吞吐量 5 500 万人次、飞机起降 40 万架次的容量设计。工程主要建设内容包括:①新建 $41×10^4$ m² T3 航站楼、76 个机位的站坪,将东跑道及其第一平行滑行道向北延长 400 m;②新建 $6×10^4$ m² 综合换乘中心和 $10×10^4$ m² 停车设施;③配套建设机务维修、消防、给排水、供电等生产生活辅助设施。

此外,天津机场三期改扩建工程将引入两条高铁线。一是京滨铁路,将北京至天津滨海新区的京滨铁路引入机场,在 T3 航站楼下设天津机场站,在机场东跑道南头设置机场南线路所,该工程由京津冀铁投公司负责。二是京津城际机场线,该线路从东跑道南头进入机场,与京滨铁路并线共站,沿 T3 航站楼形成一体化车站。拟引入 3 条地铁:①M2 线东延,设 T3 站,由天津市轨道集团负责;②Z2 线进入机场,设机场站,由天津市滨海建投负责;③机场快线(Z1 线支线)接入机场,利用原已建成京津城际引入线站台。天津机场三期改扩建工程项目分解结构见附图 3-1。

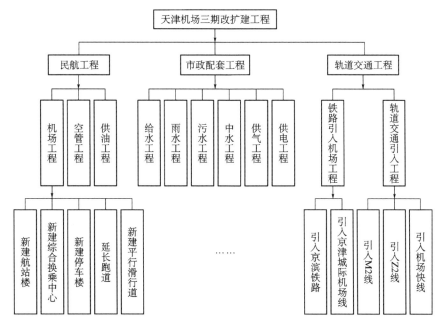

附图 3-1　项目分解结构

（二）组织模式

工程系统的复杂性和层次性决定了管控组织系统的复杂性与层次性。天津机场三期改扩建工程根据工程建设的实际需要，形成多层次、精简高效的管理组织结构，包括治理层级的天津滨海国际机场三期改扩建领导小组，管理层级的天津滨海国际机场项目管理指挥部。

1. 天津滨海国际机场三期改扩建领导小组

天津滨海国际机场为天津市的公共基础设施，对天津市城市建设、京津冀区域协同发展具有重要作用。天津市政府是天津滨海国际机场三期改扩建工程的投资主体，机场建设涉及征地拆迁、轨道交通建设、市政配套建设等外部单位，建设过程离不开相关政府部门的监管。因此，为促进天津滨海国际机场三期改扩建工程有序推进，成立天津滨海国际机场三期改扩建领导小组。

1）领导小组构成

天津滨海国际机场三期改扩建领导小组由天津市层面各单位领导组成，并根据工作需要适时增加成员单位。

2）领导小组主要职责

（1）组织落实民航局和天津市委、市政府关于该工程的各项决策部署。

（2）研究审议本市推进工程建设的相关政策措施、总体方案；协调解决工程建设中的重大问题。

（3）加强天津市与民航局的衔接沟通，形成整体合力，确保工程安全有序推进。

3）领导小组下辖部门

领导小组下设办公室、现场协调指挥部、前期工作组、资金保障组、规划用地组、综合配套组、运营保障组，具体职责如下。

（1）办公室。负责落实领导小组各项部署要求，发挥统筹协调推动作用，承担日常事务工作。

（2）现场协调指挥部。全面负责推动征地拆迁和工程建设，协调招投标、建设施工许可证等手续办理及建设过程质量、安全、环保及验收等工作。

（3）前期工作组。负责加快三期改扩建及相关轨道交通项目审批手续办理。

（4）资金保障组。负责天津机场三期改扩建、相关轨道交通工程等本市资金保障以及投资政策协调推进工作。

（5）规划用地组。负责加快办理项目用地预审与选址意见书、建设工程规划许可证、建设用地规划许可证等手续（包括机场相关土地证补办等历史遗留问题）。

（6）综合配套组。负责协调天津机场三期改扩建涉及的供排水、电力、道路等综合配套工程建设。

（7）运营保障组。负责统筹协调项目建设期间及建成后多种交通方式综合运营管理。

2. 天津滨海国际机场项目管理指挥部

天津滨海国际机场项目管理指挥部通过采用矩阵式组织结构模式,将专业职能部门、工程管理部门与任务有机结合,有利于项目管理职权下移,形成精干高效的管控团队,便于工程建设管理的开展。管控办公室的设置能够充分发挥外部单位的专业力量,形成一体化的集成工作团队。项目管理指挥部组织结构见附图 3-2。

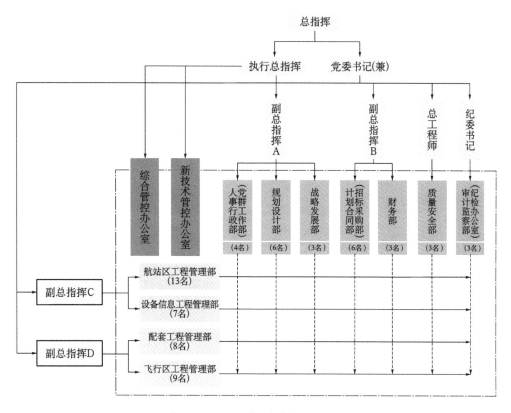

附图 3-2　项目管理指挥部组织结构

相较于其他机场,天津滨海国际机场为从管理层面和技术层面助力品质工程建设,建立了综合管控办公室和新技术管控办公室。

1) 综合管控办公室

综合管控办公室为常设机构,在指挥部领导班子的领导下,调动部门力量、社会专业力量和专家力量,负责规划、设计、建设与运营全生命周期的策划、管理、协调、集成、管控工作。

综合管控办公室具有常设机构和动态协调机制两种属性,是一个结构和一种机制的结合。这种设置较好地体现了工程建设的一体化,以及静态机构能够配合整个工程的建设进展,进行动态调整的灵活性。

考虑综合管控办公室常设机构的属性,体现"强"矩阵特点,综合管控办公室主任由执行总指挥担任,副主任建议由总工程师担任。办公室经理由与指挥部各部门经理同级别的领导担任。

综合管控办公室的管控范围包括如下。

(1)规划投资建设运营总进度综合管控:①制订面向项目群的多层级、多区域、多主体的进度计划体系,明确时间表、路线图、任务项与责任单位,统筹规划、投资、建设、验收、移交、运营等各项工作;②对进度管控进行主动高效管理,关键把控关键节点与里程碑节点的项目进展,发现偏差或问题,及时进行事前预警与事后控制,提供必要纠偏措施。

(2)跨组织边界和工作界面的协调管理:①牵头跨投资主体边界、参建单位边界、建设与运营边界等组织管理与协调。构建具有统领性和应用型的组织管理结构,探索符合我国国情和工程实际的协同联动机制,统筹平衡工程与组织系统,工程界面、任务界面与组织界面;②对内协调各部门工作界面的划分及管理。

2)新技术管控办公室

新技术管控办公室为常设机构,在指挥部领导班子的领导下,借助社会专业力量和专家力量,牵头促成建设过程智慧化,负责工程项目新技术的推广应用与协调管控。

新技术管控办公室人员由固定人员 + 专业力量"3 + M"组成。其中,新技术管控办公室主任由执行总指挥担任,副主任由总工程师担任。固定人员 3 人为指挥部全职人员,专业力量 M 人(新技术应用相关外部咨询单位专业力量总人数,随项目需求动态调整)包括BIM 技术(BIM 咨询单位、BIM 建模单位等)、信息化协同管理(第三方系统开发单位等)、GBAS 飞行程序设计、航站楼防地震防轨道震动隔震(阵)专项研究、节能技术、航站楼项目绿色建筑咨询服务等单位。

新技术管控办公室的管控范围包括如下。

(1)牵头机场数字化、信息化、智慧化的规划、建设和发展:①牵头拟定机场数字化、信息化和智慧化(简称"三化")建设发展规划,牵头编制"三化"综合性发展战略、年度计划和报告,组织"三化"重大课题研究;②统筹协调组织推进"三化"相关项目建设和对外合作交流,负责组织实施对相关工程"三化"建设工作的考核评价和管理工作。

(2)对接工程建设中新技术、新工艺、新材料和新设备的推广应用:①负责三期项目的技术革新、技术培训和考核工作,大力开发和推广新技术、新材料、新工艺在三期项目建设中的应用;②组织制订新技术应用参与各方的技术要求、确定标准体系、监控项目进展、成果验收、组织成果总结等。

(三)管控模式

为践行现代工程管理理念,打破组织界面,天津机场通过综合管控办公室的设立实现上下联动,内外协同;通过四个"一体化",实现集约化的项目管理,保证工程项目的整体性。

1. 以综合管控办公室为中枢,建立"1+3"联动机制

以综合管控办公室为中枢,搭建以总进度综合管控为牵引的协同管理平台。项目管理指挥部采用规划投资建设运营一体化的管理模式,综合管控办公室在组建之初就考虑吸纳项目管理指挥部、天津机场、专业单位和团队的人员共同加入,形成各参与方横向协作联动,上下游多环节纵向衔接联动,畅通项目管理领导与各参与方的联系互动。在工程规划建设过程中,确保以运营需求为导向,以全生命周期为视角,克服传统建设与运营分离带来的问题,打通建设与运营的界限,实现协同联动。

通过对总进度综合管控计划的全方位跟踪,及时准确地掌握各单位、各部门的计划执行情况,暴露矛盾并解决问题。变被动管理为主动控制,有效落实管控方案,具体实施过程如下。

1)项目前期

综合管控办公室在项目前期的工作重点在于对整个项目的规划设计以及总体管控计划的制订。项目前期,办公室主任由执行总指挥担任,副主任由总工程师担任。办公室有4名指挥部固定成员;项目前期指挥部和专业单位阶段性参与人员总人数为 N_1,其中指挥部规划设计部、计划合同部(招标采购部)和天津机场运行管理人员占 $1/2\ N_1$,由勘察设计单位、投资控制咨询单位和进度管控咨询单位等组成的专业单位与团队占 $1/2\ N_1$,见附图3-3。项目前期办公室的组织结构建议最晚于项目立项后组建完毕。

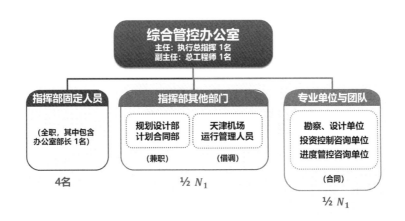

附图3-3　综合管控办公室人员组成(项目前期)

2)项目建设期

综合管控办公室在项目建设期的工作重点在于对各区域建设项目的统筹协调和管理,办公室主任由执行总指挥担任,副主任由总工程师担任。办公室有4名指挥部固定成员;项目建设期指挥部和专业单位阶段性参与人员总人数为 N_2,其中由施工总承包管理单位、工程监理单位、投资控制咨询单位、进度管控咨询单位、BIM咨询单位等组成的专业单位与团队占 $3/4\ N_2$,指挥部规划设计部、航站区工程管理部、飞行区工程管理部、配套工程管理部、设备信息工程管理部和天津机场运行管理人员占 $1/4\ N_2$,见附图3-4。项目建设期办公室的组织结构建议最晚于初设批复后组建完毕。

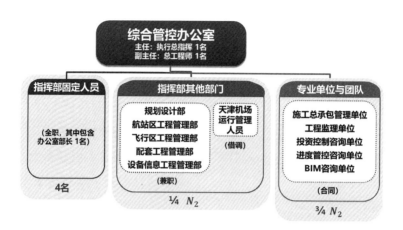

附图 3-4 综合管控办公室人员组成(项目建设期)

3)项目投运期

综合管控办公室在项目投运期的工作重点在于做好建设运营的衔接、项目决算以及投运后的战略规划,办公室主任由执行总指挥担任,副主任由总工程师担任。办公室有 4 名指挥部固定成员;项目投运期指挥部和专业单位阶段性参与人员总人数为 N_3,其中天津机场运行管理人员以及指挥部人事行政部(党群工作部)、规划设计部和计划合同部(招标采购部)占 3/4 N_3,投资控制咨询单位等专业单位与团队占 1/4 N_3,见附图 3-5。项目投运期组织结构建议最晚于竣工前一年组建完毕。

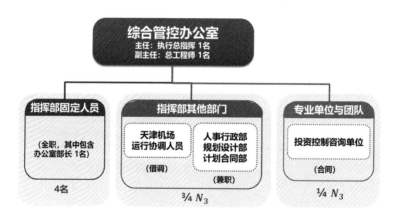

附图 3-5 综合管控办公室人员组成(项目投运期)

2. 落实四个"一体化",促进跨组织边界管理

借鉴北京大兴国际机场的建设经验,天津机场三期改扩建采取 4 个"一体化"——代建一体化、设计一体化、总承包一体化、运营管理一体化,以避免各建设主体在建设时序和工作衔接时出现问题,提升组织协调效率。

1)代建一体化

代建一体化是指:T3 航站楼投影范围内(开挖区)的建设管理工作由天津滨海国际机

场统一管理,铁路、地铁等建设单位将各自建设内容统一委托天津机场代建,实现现场管理一体化。

2）设计一体化

设计一体化是指：由天津机场三期改扩建初步设计单位（通过招标确定）总牵头,与各铁路、地铁专业院组成联合体,各专业院提供设计条件,天津机场三期改扩建初步设计单位进行汇总出图,避免出现设计界面无法衔接问题,实现设计管理一体化。由于时间紧迫,在天津机场三期改扩建可行性研究报告批复前,提前开展初步设计招标准备工作。

3）总承包一体化

总承包一体化是指：由统一的施工总承包主体（通过招标确定）建设涉及机场、铁路、地铁的主体结构等,完成后交由铁路、地铁等建设单位完成铺轨、信号等专业工作,避免各施工单位在建设时序和工作衔接方面出现问题,实现施工管理一体化。

4）运营管理一体化

运营管理一体化是指：T3航站楼建设完成后,将在航站楼下形成集机场、高铁、地铁于一体的综合交通枢纽。为确保实现综合交通枢纽的有序运营和安全管理,从建设之初就确定后续综合交通枢纽的管理机制,明晰界面划分,强化统筹协调,形成一体化运营管理方案,确保综合交通一体化运营高效顺畅。

附录四　鄂州花湖机场综合管控实践

（一）机场概述

鄂州花湖机场位于湖北省鄂州市,总占地约 1 445 hm²。该项目建成后将成为顺丰航空的全国核心枢纽,同时也是全球第四、亚洲第一的航空物流枢纽。2018 年 2 月,鄂州花湖机场预可研报告获批;2019 年 1 月,可行性研究报告获批;同年 2 月,初步设计获批;2020 年 5 月机场建设项目实质开工。

鄂州花湖机场一期工程飞行区跑道滑行道系统按满足 2030 年旅客吞吐 150 万人次、货邮吞吐量 330 万 t 的目标设计,航站区、转运中心等设施按满足 2025 年旅客吞吐量 110 万人次,货邮吞吐量 245 万 t 的目标设计。

鄂州花湖机场一期工程主要建设内容包括：建设东、西 2 条长 3 600 m、宽 45 m 远距平行跑道及滑行道系统,126 个机位站坪,1.5×10⁴ m² 的航站楼,2.4×10⁴ m² 的货库,67.8×10⁴ m² 的分拣中心,15.5×10⁴ m² 的机务维修设施,3.1×10⁴ m² 的地面及勤务设施,19.8×10⁴ m² 的综合保障用房,4×10⁴ m³ 的机场油库,以及配套建设空管、消防救援、供电、供水航空加油站、输油管线等设施。

鄂州花湖机场一期工程建设总投资约 308.42 亿元,其中机场工程投资估算约为 148.12 亿元,投资主体为湖北国际物流机场有限公司;转运中心工程投资估算约为 115.29 亿元,航空基地工程投资估算约为 37.52 亿元,投资主体均为顺丰集团;供油工程投资估算约为 7.49 亿元,投资主体为中航油集团。鄂州花湖机场本期规划建设效果见附图 4-1。

附图 4-1　鄂州花湖机场本期规划建设效果

（二）组织模式

湖北国际物流机场有限公司（以下简称"机场公司"）是由湖北省交通投资集团有限公司、深圳顺丰泰森控股(集团)有限公司、深圳市农银空港投资有限公司于 2017 年 12 月出资成立的合资公司，作为鄂州花湖机场的项目法人，负责鄂州花湖机场的规划、设计、投资、建设和经营。

1. 湖北国际物流机场有限公司

机场公司由 17 个部门构成，包括董事会办公室、党群工作部、审查监察委员会(纪检监察室)、综合部、融资财务部、计划合同部、对外协调部、航务管理部、保卫救援部、规划发展部、安全质量部、信息技术部、通用设备部、运营指挥中心、空管设施部、飞行区部、航站区部。具体组织结构见附图 4-2。

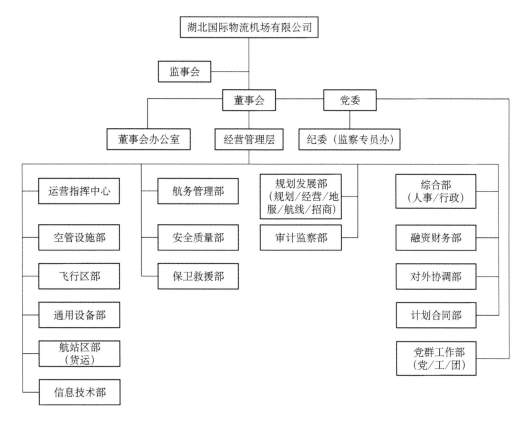

附图 4-2　湖北国际物流机场公司组织结构

各部室职责分工如下。

（1）董事会办公室：负责股东会、董事会、监事会的日常工作，起草和审核以董事会(监事会)名义发出的公文，拟写董事会(监事会)工作总结和报告等工作。

（2）党群工作部：负责党委日常事务，组织起草党委工作计划、总结、报告、通知、信函以及各类党务文件，组织党内文件阅读、传达工作，公司党委政治思想工作等。

（3）审计监察委员会：建立公司审计监察管理体系，制订公司内部审计监察制度，参与公司采购、招投标、投融资等重大经济活动，实行事前、事中、事后全过程监督等。

（4）综合部：负责公司公文管理、档案管理、保密管理、行政后勤管理、会务接待、文秘工作、人力资源规划、员工管理、劳动组织管理、绩效考核管理、薪酬福利管理等。

（5）融资财务部：建立健全公司各项财务管理制度，建设公司会计核算和财务信息化工作，公司财务预决算工作，项目竣工财务决算，筹融资工作等。

（6）计划合同部：负责制订项目建设计划、工程招投标、合同管理、设备采购、工程造价、法律事务等方面的制度和相关工作流程，合同管理、全过程造价管理、法律事务管理等。

（7）对外协调部：负责与省市各级政府及相关职能部门沟通，项目相关行政审批手续，机场外围配套项目的跟进及协调工作等。

（8）航务管理部：负责机场空域规划及飞行程序（传统和PBN）编制管理工作、机场运行标准的制订及维护管理工作、机场使用细则及航行资料编制、机场净空管理工作、军民航空域协调工作、机场电磁环境管理工作、机场试飞相关工作等。

（9）保卫救援部：负责制订机场运营期航空安保、航空安全检查、消防安全和应急救援管理等方面工作。

（10）规划发展部：主要分为机场建设和运营两部分，机场建设阶段主要负责机场工程的技术管理工作、组织开展项目前期咨询（预可研、可研、各类规划）、初步设计工作，参与上报、审查、获批等。运营阶段主要负责制订机场运营期中长期发展规划及各类专项规划，公司投融资、经营管理模式研究等。

（11）安全质量部：主要分为机场建设和运营两部分，机场建设主要负责公司安全生产管理工作，公司安全质量管理方面相关制度的起草、制订工作，并监督、检查、落实等。运营主要负责制订机场运营期安全、服务管理制度体系，负责机场运营期使用手册编订，对接相关政府、行业管理部门等。

（12）信息技术部：主要分为机场建设和运营两部分，机场建设主要负责信息、弱电系统规划、建设、运行落实工作。机场运营主要负责机场运营期信息系统业务管理模式研究工作，搭建机场运营期信息系统业务运行体系等。

（13）通用设备部：主要分为机场建设和运营两部分，机场建设主要负责参与可研报告涉及通用设备部分的编制，参与通用设备初步设计会审、施工图审查和技术交底。机场运营主要负责机场运营期通用设备业务管理模式研究工作，搭建机场运营期通用设备业务运行体系等。

（14）运营指挥中心：主要分为机场建设和运营两部分，机场建设主要负责机场建成后运行效率、安全、经济性等维度为机场规划和建设提供支持。机场运营主要负责机场空中交通管制相关运营筹备工作，组织运营指挥中心试运行、模拟演练，制订运行流程、运行标准，研究分析机场运营指挥业务管理模式和生产运营指挥及监控方等。

（15）空管设施部：主要分为机场建设和运营两部分，机场建设主要负责空管自动化终端、通信、导航、监视、雷达、气象等设施设备建设的全过程计划、组织和协调、安装、调试、试运行、验收工作等。机场运营负责组织空管自动化终端、通信、导航、监视、雷达、气象等设施设备、系统试运行及空管业务应急演练,制订相关制度、程序、运行保障手册等。

(16) 飞行区部:主要分为机场建设和运营两部分,机场建设主要负责对飞行区范围内的土方、道面、排水、消防管网、围界、助航灯光及配套附属设施建设进行全过程的管理,参与可研、总规、初步设计等项目前期工作中涉及飞行区部分的编制。机场运营负责机场运营期飞行区业务管理模式研究工作,搭建飞行区各类业务安全运行体系,编制与完善各类标准、运行流程、保障方案、岗位技能手册等规章制度等。

(17) 航站区部:主要分为机场建设和运营两部分,机场建设主要负责航站区、综合配套区土建及装修工程建设的施工管理,参与可研、总规涉及航站区及综合配套工程部分的编制和地质勘察等前期工作等。机场运营主要负责机场航站区、停车场、公共区业务管理模式研究工作,搭建航站区部所属各类业务安全运行体系,编制与完善各类标准、运行流程、保障方案、岗位技能手册等规章制度等。

2. 鄂州民用机场工程专班

机场公司为加强区域化管理促进部门间的横向沟通,组建了鄂州民用机场工程专班,共设置有飞行区专班、航站区专班、空管工程专班、小人机坪专班4个专班。专班是根据空侧、陆侧、塔台、机坪划分的,相当于实现属地化管理。在专班的管理模式下,各个部门都是专班的支撑部门,专班的人员来自各业务部门,是一种跨部门的形态。例如,飞行区专班的主责部门是飞行区部,同时需要信息管理部、通用设备部、保卫救援部等部门的协助。专班与业务部门的区别在于,专班的管理主要在施工阶段,承担深化设计以及施工管理工作的主体责任,具体负责项目建设的施工图设计、施工现场管理、安全管理、质量管理、进度管理、造价管理、数字化施工管理等。各专班具体职责如下。

(1) 飞行区专班:主要负责全场土石方及地基处理工程、场道工程、飞行区附属设施工程管理、飞行区消防救援工程、综合管廊(空侧)、生产辅助设施工程等。

(2) 航站区专班:主要负责全场土石方及地基处理工程(陆侧)、航站楼、楼前停车场、货运区(含货运站、快件中心)、综合业务楼、员工宿舍以及场内道路及桥梁、综合管廊(陆侧)等配套工程的招标及工程管理。

(3) 空管工程专班:空管工程专班主要负责全场土石方及地基处理(塔台小区)、综合楼(航管楼工艺部分)、全场通信管网、塔台小区工程、天气雷达、场监雷达、二次雷达、场外导航台(不含场外配套)、机场SDH环网、气象工程、多点相关监视、甚高频遥控台等,以及长江航道系统。

(三) 管控模式

鄂州花湖机场的成功建设离不开政府部门的高度重视与积极支持。作为国内机场工程第一个全过程BIM正向实施应用案例,鄂州花湖机场在BIM应用上具有重要的示范作用。

1. 设立对外协调部门,保证协调工作顺畅进行

鄂州花湖机场项目是湖北省委省政府的头号工程,受到省委省政府高度重视,由省政府领导构成"1+3"的指挥长班子。在与省市政府的沟通上,机场公司设立了对外协调部,负责与省市各级政府及相关职能部门保持顺畅沟通和信息互动,协调涉及政府事务相关工作,同时负责机场建设用地、征地拆迁工作、外围配套项目的跟进与协调工作,以及就机场外各级地方政府投资的相关项目与相关部门进行沟通与协调等工作。

2. 建立 BIM 协同管理平台,实现全方位数字化管理

鄂州花湖机场作为全国首批四型机场示范项目,也是国内机场领域首次全生命周期运用数字施工与智慧建造技术和全域 BIM 建模的工程项目。提出以智慧机场为统领,以数字化建造为着力点,自建实施协同管理平台(Cooperation Management Platform,CMP)、工程建设管理平台(Project Management System,PMS)、质量验评、智慧工地四大协同管理平台,打造项目全生命周期的数字体态,实现了"全阶段、全专业、全业务、全参与"的 BIM 实施。BIM 技术实施要求见附图 4-3。

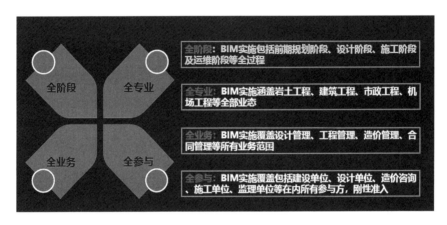

附图 4-3 BIM 技术实施要求

1) 引领变革实现数字化建造

鄂州花湖机场建设全过程均按照"3D 建模模型应用-2D 出图"的正向流程实施,推动产业革命,成为国内机场工程第一个全过程 BIM 正向实施应用成功案例,树立了建筑工程和机场工程两大行业领域的 BIM 应用标杆。项目全程采用"外部管控"+"内部管控"形式进行双重保障,制订完善的数字化技术审查要点流程体系,穿插于项目各个阶段,对 BIM 成果文件进行多次审查及协调。严格按照"一套 BIM 标准,一张构件信息表,一个族库样板,一个数据格式,一套文件命名规则"的要求来完成数字化建造,保证各专业、各阶段的标准一致,各部门信息互联互通毫无障碍。

2) 全面覆盖、全生命周期的数字化管理

鄂州花湖机场项目建设体量大、业态多、涵盖岩土、建筑、结构、机电、动力等 29 个专业,工艺设计复杂,参建方众多。为充分发挥 BIM 在项目全过程管理中的价值,鄂州花湖机场构建项目工程管理平台,实现建设方对项目全过程的精细化和数字化管控,提出"全阶段、全专业、全业务、全参与"的总体要求,实现对前期规划阶段、设计阶段、施工阶段及运维阶段等全阶段的数字化管控,对岩土工程、建筑工程、市政工程、机场工程等全部业态的数字化管控,对设计管理、工程管理、造价管理、合同管理等所有业务的数字化管控,以及建设单位、设计单位、造价咨询、施工单位、监理单位等在内所有参与方的数字化生产运营。

3)线上提交和审核图纸模型实现数字化设计

由设计单位根据分工职责线上提交设计成果,需求部门、相关部门和单位、公司领导、分管领导、总工等依次进行线上审核,项目设计工作效率得到了极大程度的提高。线上提交和审核系统主要包括三大业务项:一是设计成果文件管理,用于提交设计图纸和 BIM 成果;二是设计业务审核,审核规划符合性、设计合理性、计管理程序;三是 BIM 业务审核,审核模型结构、几何精度、建模方式。线上提交和审核系统标准化处理各业务项线上操作方式,根据流程设置了不同操作节点,并形成了标准化的 7 种业务逻辑(①档案整理,②BIM审核,③设计审核,④设计统筹、规划符合审核,⑤提交文件,⑥边界审核,⑦驳回),各操作节点根据公司职责配置相应的业务逻辑,实现精细化管理。

4)现场和线上相结合实现数字化监管

鄂州花湖机场工程监管模式主要包括现场、模型两大核心内容。现场管理包含三项内容:现场按模施工检查,BIM 监理工程师每周依据按模施工检查要求对现场施工进行检查;现场专监进行按模验收,即依据模型对施工部位进行验收,保证现场施工与模型保持一致;现场随手拍,对于现场出现问题的部位工作人员可随手拍照上传反馈。线上管理包括进度计划管理、模型管理、按模施工及质量验评。采用此种监管方式可实现以下效果:实人实地实时实测来管控现场施工质量;实时预警现场施工进度情况、重要节点施工完成情况以及项目整体进度情况,及时采取措施进行预防调整;通过随手拍和风险库,全面及时识别各阶段施工风险,协同参建各方进行风险评估、发布和管控依托各方主体责任,拉通业主、监理、施工单位安全管理流程,实现施工现场和管理流程全方位覆盖。

5)基于 BIM 平台实现精细化、标准化管理

机场设计和 BIM 管理涉及部门众多,大部分部门涉及的设计单位交叉复杂,管理工作量大,需要各部门进行协作。鄂州花湖机场按照三个步骤推进项目管理,一是业务流程化,二是流程表单化,三是表单信息化。业务流程化即把所有业务全部归到流程上。以设计成果审核和归档为例,每个部门的职责都体现在流程表上,见附图 4-4。由于没有做到流程表单化,仍存在职责脱离的情况。因此,将职责进行进一步细分,共拆分出 93 种职责,形成流程节点和涉及 BIM 管理业务项的矩阵关系,将结构化的职责全部压实到每个人头上,实现精细化管理,流程表单化见附图 4-5。

表单信息化阶段,各个部门到相应环节时需在系统上回答问题,并且不能回避任何一个问题,以使线上操作更加标准化。最终,建立管理平台,提前配置各节点职责业务项,标

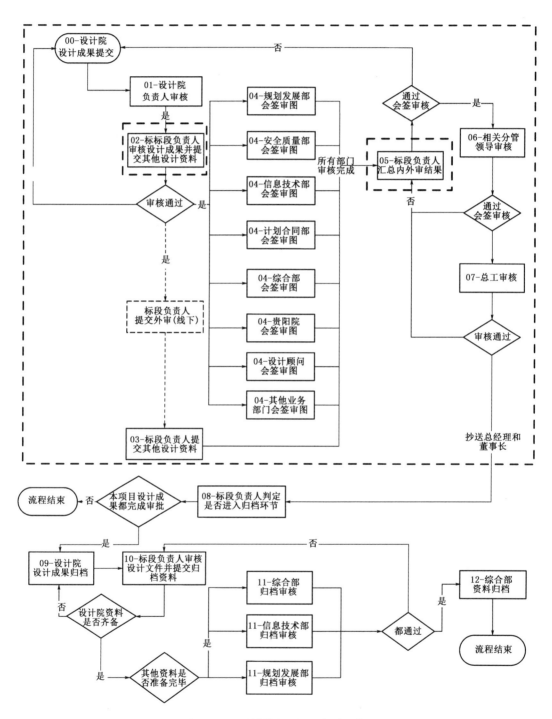

附图 4-4 鄂州花湖机场业务流程化

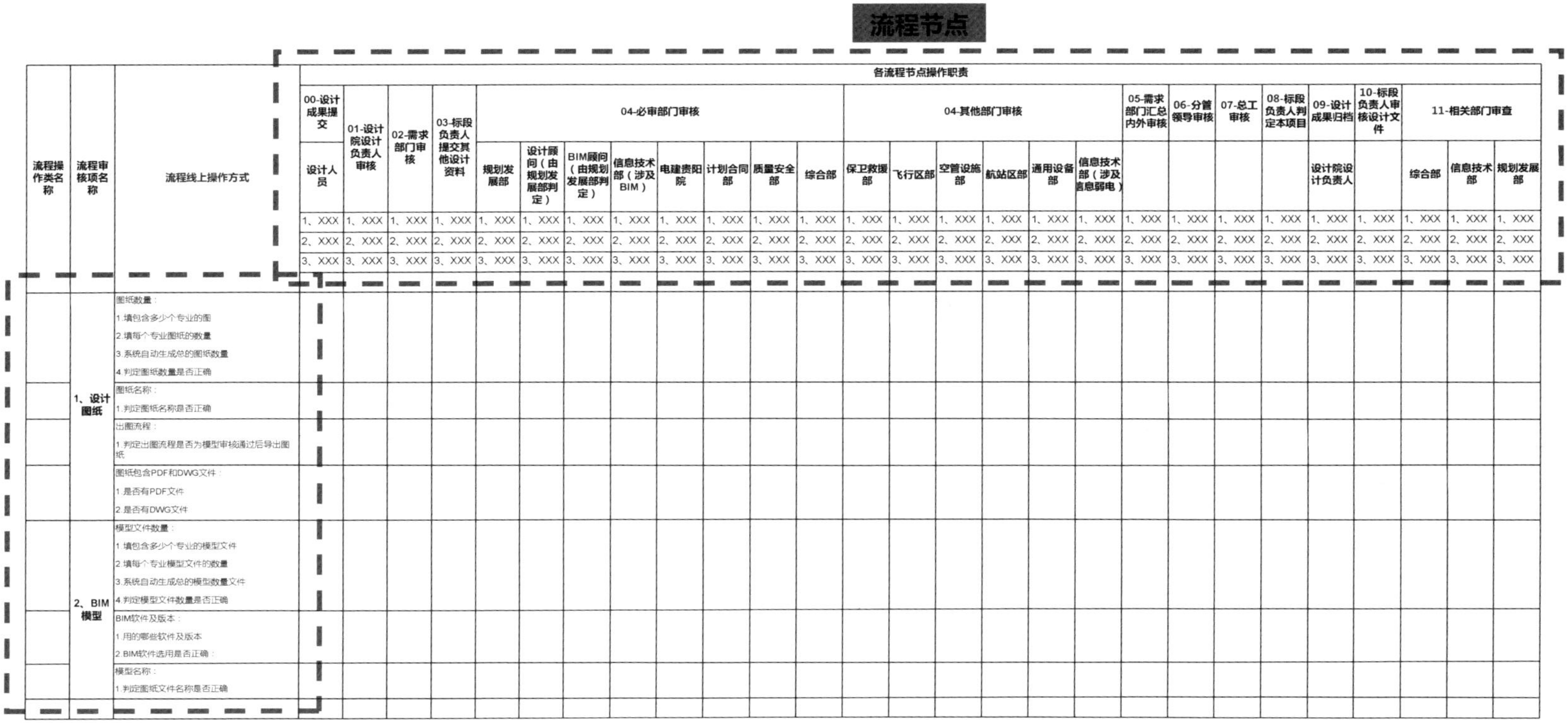
流程节点
各流程节点操作职责
流程操作类名称
流程审核项名称
流程线上操作方式
00-设计成果提交
设计人员
01-设计院设计负责人审核
02-需求部门审核
03-标段负责人提交其他设计资料
04-必审部门审核
规划发展部
设计顾问（由规划发展部判定）
BIM顾问（由规划发展部判定）
信息技术部（涉及BIM）
电建贵阳院
计划合同部
质量安全部
综合部
04-其他部门审核
保卫救援部
飞行区部
空管设施部
航站区部
通用设备部
信息技术部（涉及信息弱电）
05-需求部门汇总内外审核
06-分管领导审核
07-总工审核
08-标段负责人判定本项目
09-设计成果归档
设计院设计负责人
10-标段负责人审核设计文件
11-相关部门审查
综合部
信息技术部
规划发展部
1、XXX
2、XXX
3、XXX
1、设计图纸
图纸数量：
1.填包含多少个专业的图
2.填每个专业图纸的数量
3.系统自动生成总的图纸数量
4.判定图纸数量是否正确
图纸名称：
1.判定图纸名称是否正确
出图流程：
1.判定出图流程是否为模型审核通过后导出图纸
图纸包含PDF和DWG文件：
1.是否有PDF文件
2.是否有DWG文件
2、BIM模型
模型文件数量：
1.填包含多少个专业的模型文件
2.填每个专业模型文件的数量
3.系统自动生成总的模型数量文件
4.判定模型文件数量是否正确
BIM软件及版本：
1.用的哪些软件及版本
2.BIM软件选用是否正确：
模型名称：
1.判定图纸文件名称是否正确

附图 4-5 鄂州花湖机场流程表单化

准化各业务逻辑的线上操作方式,形成提交、问答式或者选择式审核集中方式,通过标准化的设计和上线管理,实现通过流程倒逼业务的效果。

6) 打造智慧工地综合管理平台实现数字化施工

智慧工地综合管理平台主要包括数字工地、结构工程数字化、场道工程地基处理及道(路)面数字化三部分。数字工地部分包括人员管理、车辆管理、设备管理、视频监控和能耗监测,可管控各种车辆数量和行驶轨迹等数据,并通过手机打卡进行考勤管理。结构工程数字化监控系统包括但不限于桩基机械施工监测、塔吊运行监控管理、吊钩可视化监控、升降机监控、深基坑安全监测、高支模变形监测等,可统筹全局,使整体建设情况一目了然。地基处理及道(路)面数字化监控系统主要包括地基处理机械施工监控、强夯机械施工监控、碾压机械施工监控、滑模摊铺机施工数字化系统、智能拌和管理监控系统,可实现集中管控,从而提升工作效率。

3. 建立人员流动机制,促进建设运营一体化

作为新建机场,鄂州花湖机场建设指挥部在部门设置上考虑了未来运营需要,目前的设置基本涵盖了运营架构的80%～90%。未来建设人员可以流入运营岗位,使得管理人员具备建设和运营的双重经验。

附录五　哈尔滨太平国际机场综合管控实践

（一）机场概述

哈尔滨太平国际机场作为东北地区唯一的国际航空枢纽,是我国辐射东北亚,连通中蒙俄,面向北美洲的重要战略支点,旅客吞吐量连续五年位居东北地区首位。机场的建设与发展是一个循序渐进的螺旋上升过程,根据哈尔滨太平国际机场最新的发展规划和建设进程,其建设内容包括一期扩建剩余工程、二期扩建工程及三期扩建工程。

一期扩建工程 2009 年启动前期工作,按照满足目标年 2020 年旅客吞吐量 1 800 万人次,年货邮吞吐量 17.5 万 t 的使用需求设计,总投资 44.707 8 亿元。2018 年启动了二期扩建工程前期工作,按照满足年旅客吞吐量 3 800 万人次、年货邮吞吐量 30 万 t 需求设计,初设评审投资 98.073 2 亿元。2020 年 1 月批复的哈尔滨太平国际机场总体规划明确了哈尔滨太平国际机场枢纽建设的近期规划和远期规划。其中近期规划,即三期扩建工程,以 2030 年满足旅客吞吐量 6 500 万人次为目标,新建约 52×10^4 m^2 T3 航站楼,28×10^4 m^2 综合交通换乘中心,引进高铁和城市轻轨,新建西一跑道等。哈尔滨太平国际机场建设时序及内容见附图 5-1。

由此可见,哈尔滨太平国际机场呈现出的以机场为核心的综合交通枢纽是机场建设的发展趋势,按照综合交通体系和航空城的概念进行规划建设,同时集成铁路、地铁、长途巴士等多种交通方式,其建设面临着多期项目并行开展的挑战。

（二）组织模式

哈尔滨太平国际机场二期改扩建工程根据工程建设的实际需要,形成不同层次、精简高效的管理组织结构,包括治理层级的哈尔滨太平国际机场扩建工程领导小组,哈尔滨太平国际机场二期扩建工程建设总指挥部,首都机场集团有限公司,黑龙江省机场管理集团有限公司,管理层级的哈尔滨太平国际机场项目管理指挥部。

1. 哈尔滨太平国际机场扩建工程领导小组

领导小组由黑龙江省层面各单位领导组成,负责哈尔滨太平国际机场扩建工程重大事项的协调与决策。

2. 哈尔滨太平国际机场二期扩建工程总指挥部

哈尔滨太平国际机场为哈尔滨市城市建设、东北地区综合交通建设发展发挥重要作用。黑龙江省政府部门、哈尔滨市政府作为哈尔滨太平国际机场二期扩建工程的主要投资主体,且机场建设涉及征地拆迁、市政配套建设等外部单位,建设过程离不开相关政府部门的监管。为加快推进哈尔滨太平国际机场二期扩建工程如期开工建设和投用,成立哈尔滨太平国际机场二期扩建工程总指挥部。

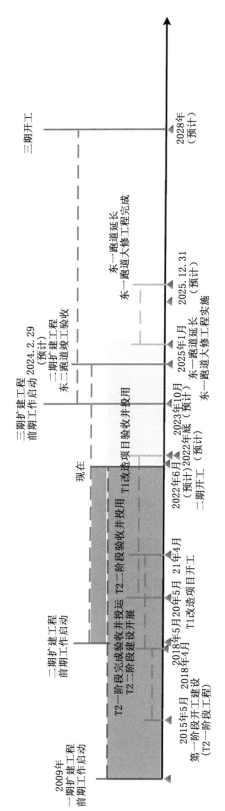

附图 5-1 哈尔滨太平国际机场建设任务动态发展过程 (灰色部分代表已建工程)

总指挥部按照省委、省政府和省机场二期扩建工程建设领导小组有关部署要求履行依法监督、组织协调、服务保障等职责。

（1）督促项目建设主体省机场集团、黑龙江空管局等单位依据项目计划依法依规推进工程建设；督促项目征拆主体哈尔滨市政府按计划及时完成征地拆迁和市政配套工程建设工作。

（2）根据权限依法对项目基本建设程序执行情况进行监督；依法审核中央和省级建设资金支出需求；充分发挥审计监督职能，监督资金使用情况和概算执行情况，切实保障建设资金安全、有效使用。

（3）组织协调有关中省直成员单位配合、服务机场二期扩建工程，督办推进各项审批手续办理，及时协调解决项目开工前及建设过程中存在的问题和困难。

（4）定期向省委、省政府和领导小组报告工程进展情况和重大问题，保障项目按计划时间表有序推进。

（5）完成省委、省政府和省机场二期扩建工程建设领导小组交办的其他有关事项。

哈尔滨太平国际机场二期扩建总指挥部由黑龙江省层面各单位分管领导组成，并根据工作需要适时增加成员单位。

总指挥部下设办公室，办公地点在省机场集团公司，总指挥部下设综合部、前期部、建设协调部、保障监督4个部门，东北管理局则作为总指挥部的成员单位之一，各部门及东北管理局的具体职责如下。

1）综合部

负责研究省委、省政府和领导小组、总指挥部审议和协调事项，定期去上报进展情况；安排总指挥部会议；督促落实省委、省政府和领导小组、总指挥部工作部署，对外宣传等工作。

2）前期部

负责制订项目前期工作计划并督办推进项目相关前期要件办理工作，确保项目按计划如期开工。

3）建设协调部

负责安排和落实工程计划；跟踪确认项目资金到位落实情况、项目概算执行情况、基本建设程序执行情况，保障资金到位，专款专用，确保项目建设依法依规有序推进；统计调度工程进度情况，落实统计报表制度；梳理排查并协调解决有关工程建设和征地拆迁工作中存在的问题。

4）保障监督部

负责对非民航专业工程基本建设程序进行监督，配合民航部门对民航专业基本建设程序进行监督；根据权限监督管理中央和省级投资，依法审核中央和省级资金支出需求；督促省机场集团公司等项目主体严格执行基本建设财务制度，依法使用中央和省级资金；充分发挥审计监督职能，监督资金使用情况，切实保障中央和省级资金安全有效使用。

3. 哈尔滨太平国际机场项目管理指挥部

哈尔滨太平国际机场项目管理指挥部作为负责扩建工程日常管理，落实现代工程管理理念,保障机场建设目标实现的管理组织,主要由指挥部领导层和各常设部门组成。其中,领导层共设置六类职务,分别为总指挥(省机场集团法定代表人兼任)、执行指挥长兼党委书记(省机场集团分管基本建设的副总经理担任)、党委副书记兼纪委书记、副指挥长、总工程师、指挥长助理。

指挥部共设置 12 个部门,包括 4 个工程部门,航站区工程管理部,飞行区工程管理部,信息机电工程管理部,动力能源工程管理部,7 个职能部门,包括综合管控办公室、新技术管控办公室、党群工作部(纪检办公室、审计监察委员会)、财务部、人事行政部、计划合同部、安全质量部、规划设计部。指挥部组织结构见附图 5-2。

与天津机场类似,哈尔滨太平国际机场基于新型组织结构进行了个性化的设置,综合管控办公室牵头"建设运营一体化""综合管控协同化",新技术管控办公室牵头"管理过程智慧化",注重跨边界管理、全生命周期管理与数字化管理。

指挥部内外部协调由综合管控办公室承担,新技术应用与推广由新技术管控办公室承担,综合管控办公室将以总进度计划为主线,总进度综合管控为抓手,外部实现跨组织边界,内部跨组织部门,实现内部外部统筹,协调推动实现超越行业与地方边界、建设与运营边界、投资主体边界、参建单位边界、军地边界等的跨组织管理与协调。并以此为基础,形成目标一致、组织协同、进度统筹、衔接顺畅、信息共通、计划高效、管控最优的协同机制,打造施工管理、交通安全、安全防控、消防应急、环保整治等方面联动管理的综合管控局面。新技术管控办公室将负责牵头管理过程智慧化,负责工程项目新技术的推广应用与协调管控。牵头数字化施工、智能设备、BIM 技术、智能建造的开发应用。具体职责如下。

1)综合管控办公室

负责品质工程"七化"中规划投资建设运营一体化、综合管控协同化的落地,主要职责包括沟通协调内外部关系、组织总进度综合管控,牵头建设运营一体化等。

(1)负责对接省机场集团战略发展要求,编制指挥部中长期战略发展规划,组织实施相关工作任务。

(2)负责对接集团公司,协调运行需求。

(3)负责推进与行业及地方建设主管部门的协调工作。

(4)负责组织内部协调工作,汇总梳理部门间争议事项,协助执行指挥长决策。

(5)负责组织编制总进度综合管控计划和投资控制计划。根据实际情况监督调整综合管控进度计划及资金使用计划。

(6)牵头组织竣工验收、专项验收、行业验收等所有验收工作。

(7)牵头组织资产移交、管理移交等所有移交工作。

(8)做好项目经验总结,参与重大事故调查分析。

2)新技术管控办公室

牵头品质工程"七化"中管理过程智慧化的落地,主要职责包括新技术应用、"三化"建设、科技项目管理、人才培养。

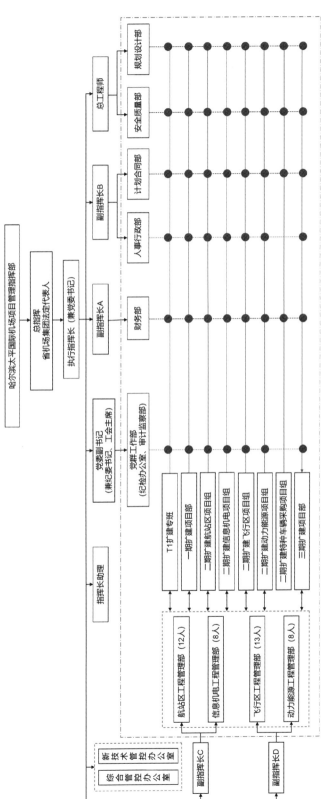

附图 5-2 哈尔滨太平国际机场项目管理指挥部组织结构

（1）负责机场工程建设与管理类新技术的统筹管理工作。

（2）负责组织开展指挥部数字化、信息化和智能化建设工作（含 BIM 咨询及应用）。

（3）负责研究制订科研计划，归口管理科技项目，协助项目负责人组织开展项目的立项、实施，参与项目检查、验收、成果鉴定及奖项申报。

（4）负责科技创新成果的管理，负责科技创新成果的总结提炼与推广应用。

（5）培养新技术人才、举行新技术培训、进行新技术考核。

（三）管控模式

哈尔滨太平国际机场二期扩建项目的项目管理特点在于以两个管控办公室为核心，建立内外部协同机制；并且充分发挥党员模范带头作用，建立党建与业务融合的运作机制，共同攻克建设难点。

1. 以管控办公室为核心，建立内外部协同机制

项目协同体以打破组织边界，实现内外协同为目标高效推进机场建设，分为内部循环及外部循环，对内协调各部门工作界面的划分及管理工作，牵头协调省机场集团公司各部门及参建单位；对外则依托总指挥部，牵头协调其他投资主体、行政管理部门及行业管理部门。

综合管控办公室和新技术管控办公室作为项目协同体的组成部门，将作为纽带，通过综合管控联席会议的机制，分别在规划、投资、建设及运营管理阶段协同各个阶段内外部单位，包括指挥部部门，省机场集团公司职能部门及运行单位，专业单位与团队、政府及行业部门等共同工作，其中指挥部部门人员将以兼职形式参与工作，省机场集团公司相关部门人员将针对具体工作事项阶段性参与其中，以有效实现建设运营人员在不同阶段间的流动，并加强落实综合管控协同化、管理过程智慧化、建设运营一体化等现代工程管理理念，见附图 5-3。

哈尔滨太平国际机场各层级沟通协调机制见附表 5-1。

附表 5-1　哈尔滨太平国际机场各层级沟通协调机制

协调层级	协调类型	协调平台	协调内容	协调机制
治理层级	综合协调	总指挥部与地方政府、行政管理和行业管理部门、外部投资主体	协调前期审批及枢纽建设前期涉及的重大问题，对近期重要部署的完成情况进行监督检验，协调解决需专项解决的问题及突发问题	1. 联席会议机制：不定期召开总联席会，定期召开例行联席会，不定期召开专题联席会； 2. 督办机制：问题分级，清单管控，通报督办
	军民航协调（三期）	黑龙江省、哈尔滨市与军方协调平台	协调与军方的难题，包括地方与地方之间、地方与军方之间以及空域方面的问题，如军事设施迁建、空域分配协调等	
管理层级	执行协调	省机场集团公司协调平台	1. 协调指挥部与运营部门的协同与衔接； 2. 促进规投建营一体化	1. 会议机制； 2. 工作报告机制，例行报告机制，专题报告机制

（续表）

协调层级	协调类型	协调平台	协调内容	协调机制
实施层级	实施协调	指挥部综合管控机制	协调指挥部各部门间的界面问题	1. 以综合管控办公室为中枢，搭建以总进度综合管控为牵引的协调管理平台； 2. 会议机制：综合管控联席会议、指挥部党委会、指挥长办公会、月调度会、周监理例会、专题会、年度总结会； 3. 工作报告机制； 4. 问题跟踪机制

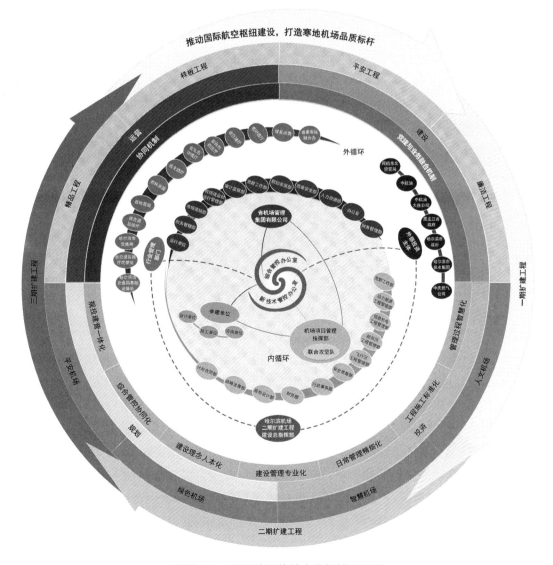

附图 5-3　项目协同体的内外部循环机制

2. 建立党建与业务融合机制，发挥党员模范带头作用

为了强化党建引领作用，服务国家战略，践行根本宗旨，创新设计了党建与业务融合机制。以保证在时间紧任务重、协调主体多、各项任务交织的复杂环境下，加强党的领导，充分发挥指挥部党委总揽全局、协调各方的作用。

由党委总揽全局，坚持党建工作和业务工作目标同向、部署同步、工作同力，以高质量党建引领高质量发展，共同促进品质工程建设。以旗帜做引领、价值引方向、品质为目标，推动形成"人人有责任、上下有联动、层层抓落实"的工作格局。形成三层级的工作模式，分别为党建引领层、支部促动层级和小组联动层。党建引领层中由党委联合各部门骨干力量，其中包括第一、二党支部、各部室党员干部、员工及参建单位党组织组成联合攻坚队，带领由第一、二党支部组成的支部促动层开展相关党建与业务融合管理工作。同时从两支部中抽调员工并联合参建单位党组织组成跨部门边界和支部边界的小组联动层，负责具体落实党建与业务融合工作，包含四个工作小组，分别为服务保障组、项目攻坚组、技术创新组和安全管控组。各小组人员将由各部门的党员干部组成，四个小组将配合其他职能部门和工程管理部门的日常工作，在党委的带领下，共同实现"四个工程"和"四型机场"的落地。

同时将健全责任体系，解决"干什么"的问题。以四同步——同谋划、同部署、同实施、同考核的闭环管理为核心，三结合——党委主体责任清单、党支部责任清单及党员责任清单为基础，形成"1+3+1"党建工作考评体系，即：1套基层党员（小组联动层）工作考核评价标准，"党委、党支部、党员"3个层级的综合考评模式，1项党支部工作定期检查制度，实现了全面从严治党各项要求在基层支部的全面覆盖、全面过硬。并以规范化、手册式文件为指导，对政策性强、程序复杂工作事项制订程序手册，配发党支部、党员工作记录本，实现痕迹翔实。共同实现党务与行政职务交叉任职。

服务保障组由党群工作部（纪检办公室、审计监察委员会）、人事行政部、财务部、参建单位党组织组成，在指挥部党委的领导下，各支部积极打造"党群共建共促平台"，服务保障组定期收集指挥部员工、参建单位员工日常生活问题、需求信息，开展送温暖、送清凉等慰问活动。加强党风廉政建设来正风肃纪、防范风险。组织签署《廉政建设承诺书》，梳理廉洁风险点，制订风险防控措施，组织廉洁自律宣传。助力"廉洁工程"和"人文机场"落地。

项目攻坚组由工程管理部、新技术管控办公室、规划设计部、安全质量部、综合管控办公室、计划合同部及参建单位党组织组成，坚持目标导向，建立领导联系部门、部门联系工程标段、标段联系参建单位、党员联系具体项目的"四联系"工作机制，党员带头攻坚克难，促进工程目标实现。坚持问题导向，建立问题发现、跟踪与督导机制，要求发现问题要准、分析问题要透、整改问题要实，奔着问题去、盯着问题改，把深层次问题挖出来、把隐蔽性问题找出来。党员在关键时刻冲得上去、危急关头豁得出来，推动现场问题及时解决。攻坚"精品工程"和"样板工程"。

技术创新组由新技术管控办公室、工程管理部、规划设计部及参建单位党组织组成，贯彻落实党的路线方针政策来把握机场的发展方向，以创新发展为驱动，组织开展课题研究，激发全体员工的智慧和创造力，围绕复杂技术问题开展联合攻关。并以技术创新为手段，建设资源节约型、环境友好型和可持续发展的绿色机场，充分发挥党员先锋模范作用，攻坚"智慧机场"和"绿色机场"。

安全管控组由安全质量部、工程管理部及参建单位党组织组成，组织签订《党员身边无违章、无事故承诺书》，将施工区域划分为多个党员责任区，结合施工生产与工程管理进行安全监督，做好安全隐患排查治理。带头学习和贯彻落实有关安全生产政策法规，强化安全意识，规范生产行为，定期评选"安全管理先进党员责任区"，发放流动红旗，充分发挥党员示范引领作用，实现"平安工程"和"平安机场"。

3. 践行现代工程管理，建立七化责任清单落实各方责任

指挥部以推行现代工程管理为抓手，以机场建设活动实践为载体，深入贯彻现代化品质工程理念，从全生命周期角度围绕"建设理念人本化、建设管理专业化、建设运营一体化、综合管控协同化、工程施工标准化、日常管理精细化、管理过程智慧化"等内容制定实施办法和实施路径，为打造品质工程提供路径与方向。

为深入贯彻习近平总书记关于机场建设"四个工程"和"四型机场"的重要指示精神、民航局《关于打造民用机场品质工程的指导意见》和首都机场集团建设现代工程管理的工作要求，融合"规划、投资、建设、运营"一体化理念，将现代工程管理"七化"与工程实践相结合，将"七化"细化为 19 个一级任务指标、42 个二级任务指标、88 个三级任务指标。

聚焦于哈尔滨太平国际机场二期扩建工程建设的项目管理工作，由七化每化牵头部门组织，每化各层级任务实施部门配合，将"七化"任务体系与二期扩建工程实际融合，细化为 112 项可落地操作、测评、监督的"七化"任务工作，形成工作清单，将"七化"纳入日常管理工作中，并由每化牵头部门组织建立逐级检查和考评制度，切实推动品质工程建设落地转化。

在现代工程管理理念指引下，哈尔滨太平国际机场基本建设组织机构、管理模式、管理流程等方面实现优化升级，极大促进机场建设转型升级。通过将现代工程管理"七化"结合二期扩建工程将任务分解落实到责任清单和任务清单，明确主体责任的具体内容和落实机制，建立现代工程管理"七化"监督管理制度，完善考核激励机制，确保品质工程建设目标与执行的一致性，为推动品质工程建设落地见效提供了重要保障。